AF550083

Annette Schmitt

Deutsche Spitze

Wolfs-, Groß-, Mittel-, Klein-, Zwergspitz

Premium Ratgeber

unter Mitarbeit von
Cinnamon Lee Hooper

bede bei Ulmer

Inhalt

Inhalt

Von den Ursprüngen zur Reinzucht

Spitze haben eine sehr lange Tradition. Sie zählen zu den ältesten Haushundeformen und gelten bis heute als vielseitig einsetzbare Allrounder.

Zeitweise zählten die Deutschen Spitze zu den Schäferhunden, da sie auf Bauernhöfen auch als Viehhüter zum Einsatz kamen.

Großspitze gelten heute als vom Aussterben bedroht.

Spitze gelten als eine der ältesten Formen des Haushundes. Schon früh traten sie überall auf, ohne dass der Mensch züchterisch eingriff. Eine der frühesten Abbildungen eines Spitzes stammt aus der Zeit um 400 v. Christus. Das Einsatzgebiet der intelligenten Vierbeiner war sehr vielfältig. Sie mussten Haus, Hof und Weinberge bewachen, Pferdeställe von Ratten und Mäusen befreien, Kühe hüten sowie Lastenfuhrwerke und Binnenschiffe begleiten. Die Beliebtheit spitzartiger Hunde schwankte über die Jahre hinweg stark: Mal waren sie begehrte Modehunde, doch dann gerieten sie auch fast wieder in Vergessenheit. Die Reinzucht und somit die Entwicklung der unterschiedlichen Spitzvarietäten erfolgte ab 1882. Der Rassename „Spitz" etablierte sich ebenfalls erst im 19. Jahrhundert, wobei nicht restlos geklärt ist, woher die Bezeichnung stammt. Bis Anfang des 20. Jahrhunderts waren Spitze, neben den kurzhaarigen Pinschern und den rauhaarigen Schnauzern in Mitteleuropa sehr weit verbreitet. Während jedoch Pinscher und Schnauzer eher im Südosten zu finden waren, was auch in ihrer Felllänge und -beschaffenheit zu erkennen ist, bewachten die dicht bepelzten Spitze vornehmlich im Nordwesten (Holland und Belgien mit eingeschlossen) Häuser und Höfe.

Spitzartige Hunde machten alle Trends mit: mal als begehrte Modehunde und dann auch wieder als fast vergessene Mauerblümchen.

Kleinspitze wurden Anfang des 19. Jahrhunderts vor allem in Pommern als Bootswächter eingesetzt.

Der Hund der kleinen Leute

Der genaue Ursprung der mitteleuropäischen Spitze kann heute nicht mehr nachvollzogen werden. Möglicherweise jedoch sind die Nordischen Spitze älter und daher eventuell die Vorfahren der Europäer. In jedem Fall sollen die Deutschen Spitze bis zu den steinzeitlichen Torfhunden Mitteleuropas und späteren Pfahlbauspitzen zurückgehen. Die aufmerksamen Vierbeiner wurden seit dem Mittelalter vornehmlich von Kleinbauern und Kleinbürgern gehalten. Großgrundbesitzer hingegen besaßen große, oft sehr sture Bauernhunde, die manchmal sogar ihre Dickköpfigkeit und Streitlust mit dem Leben bezahlen mussten. Spitze hingegen galten schon seit jeher als besonders clever und gewieft. Trotzdem jedoch blieben sie stets die Hunde der kleinen Leute. Bevor sich der „Verein für Deutsche Spitze" gründete, wurden die Spitze vom „Verein für Schäferhunde und Spitze" betreut, da man sie vielerorts, aufgrund ihres Einsatzes auf Bauernhöfen, zu den Schäferhunden zählte. 1899 riefen schließlich der Österreicher Charles Kammerer und Dr. v. Uhden in Elbersfeld den „Verein für Deutsche Spitze" ins Leben. Zur selben Zeit existierte allerdings schon der „Frankfurter Spitzerklub". 1910 schlossen sich beide Klubs zu einem gemeinsamen „Klub für Deutsche Spitze" zusammen. Der regelrechte Spitzboom, den es zwischenzeitlich in Mitteleuropa gab, ist heutzutage deutlich abgeflaut.

Die Spitzvarietäten im Überblick

Am meisten verbreitet ist in Deutschland der **Kleinspitz**. Seine Schulterhöhe liegt zwischen 23 und 29 cm. Zu Beginn des 19. Jahr-

Hierzulande ist der Zwergspitz, der auch unter dem Namen Pommeranian bekannt ist, am dritthäufigsten unter den Deutschen Spitzen anzutreffen.

Der Wolfsspitz, auch Keeshond genannt, ist der größte der fünf Deutschen Spitzvarietäten.

Der Mittelspitz galt lange Zeit als Stiefkind der Deutschen Spitze, da ihm zu Unrecht ein etwas zweifelhafter Ruf angedichtet wurde.

Der Spitz hieß nicht immer so

Bevor der Rassename „Spitz" aufkam, nannte man spitzartige Hunde sowie Pinscher und Schnauzer häufig nur „Köter", was im Gegensatz zu heute keinen abfälligen Touch hatte, sondern sich vielmehr auf das zuverlässige Bewachen einer Bauern-„Kate" bezog. Auch die Bezeichnung „Mistbeller" war seit dem Mittelalter im Umlauf, da die Hunde gerne einen Misthaufen als weitreichenden Ausguck aufsuchten, von dem aus sie rasch jede Veränderung am Horizont bekannt gaben.

hunderts wurde er vornehmlich in Pommern gezüchtet, was ihm auch den Namen „Pommer" einbrachte. Hier setzte man die schneidigen Vierbeiner als Wächter auf den Booten der kleinen Küstenschifffahrt ein. Die schwarzen Kleinspitze haben ihren Ursprung in Baden-Württemberg. Auch hier waren sie auf Lastkähnen und Schiffen anzutreffen, aber auch auf Fuhrwerken und in den Weinbergen. Lange Zeit fand man den Kleinspitz nur in Mitteleuropa. Inzwischen ist er aber in ganz Europa und auch in den USA als „German Kleinspitz" verbreitet.

Der **Wolfsspitz** ist hierzulande am zweithäufigsten unter den Spitzen anzutreffen. Laut Beckmann ist er die Stammrasse aller Deutschen Spitze. Mit einer Schulterhöhe zwischen 43 und 55 cm ist er der größte Vertreter der fünf deutschen Varietäten. Der Name „Wolfsspitz" stammt von seiner wolfsgrauen Fellfärbung. Im nichtdeutschsprachigen Ausland ist der Wolfsspitz unter dem Namen „Keeshond" bekannt. Diese Bezeichnung geht auf einen, „Kees" genannten, niederländischen Revolutionsführer und eingefleischten Wolfsspitzbesitzer des beginnenden 19. Jahrhunderts zurück. Der unbestechliche Keeshond wurde in den Niederlanden somit zum Symbol der patriotischen Revolution.

Der **Zwergspitz** ist mit einer Schulterhö-

Schwarze Großspitze waren in Baden Württemberg über Jahrhunderte hinweg als „Weinbergspitze" bekannt.

Spitze lieben erhöhte Aussichtsplätze, denn dort haben sie alles im Blick.

he von 18 bis 22 cm der kleinste Deutsche Spitz. Er ging aus immer kleiner gezüchteten Kleinspitzen hervor, die vor mehr als 200 Jahren von Pommern nach England kamen und die man dort Pomeranian nannte. Um 1970 kamen die ersten Pomeranian nach Deutschland zurück. Hier wurden sie als Zwergspitze in die Familie der Deutschen Spitze mit aufgenommen. Anfangs gab es bei der Zucht viele Rückschläge in Bezug auf Größe und Farbe der Hunde. Inzwischen gelang es jedoch, die Rasse zu stabilisieren, sodass sie heute hierzulande die dritthäufigste Spitzvarietät ist.

Der **Mittelspitz** hat noch heute die Größe (30 bis 38 cm Schulterhöhe), die in früheren Jahrhunderten wohl die gängigste unter den Spitzen war. Man traf diesen Vierbeiner als Wachhund in vielen mitteleuropäischen Häusern und Bauernhöfen an. Er galt seit jeher als typischer Deutscher Spitz und wurde auf vielen Gemälden sowie in Illustrierten verewigt. Auch klassische Dichter nahmen sich seiner an, doch leider nicht immer im Positiven. Wohl aus diesem Grund war der Mittelspitz bei den Förderern der Reinzucht und den Gründern des „Vereins für Deutsche Spitze e. V." nie sehr angesehen und wurde auch nicht offiziell gezüchtet. Erst 1969 konnte sich der kecke Vierbeiner aus seinem Schattendasein befreien, als er in den Standard der Deutschen Spitze mit aufgenommen wurde.

Am seltensten ist hierzulande der **Großspitz** (42 bis 50 cm Schulterhöhe). Er wurde als Haus- und Familienhund zum Bewachen und Behüten, aber auch zur Besitzverteidigung eingesetzt. Während Klein- und Mittelspitz in den letzten Jahrhunderten eher beim einfachen Volk anzutreffen waren, hielt der weiße Großspitz mit seiner stattlichen Größe und eleganten Erscheinung Einzug in die gutbürgerlichen Bevölkerungsschichten. Selbst in englischen Adelskreisen machte er sich einen Namen. Als „German Spitz" wurde er außerdem von deutschen Einwanderern und deren Nachkommen bis zum 1. Weltkrieg in Nordamerika gehalten. Aufgrund des schlechten Ansehens von Deutschland benannte man die Rasse dort bald in „American Eskimo" um.

Schwarze Großspitze haben ihren Ursprung in Baden Württemberg. Dort wurden sie über Jahrhunderte hinweg in den Weinbergen als „Weinbergspitze" eingesetzt, die tagsüber Vögel und andere Tiere von den Reben fernhalten sollten und nachts, durch ihr schwarzes Fell praktisch unsichtbar, zweibeinige Traubendiebe.

Im Standard ist festgehalten, wie ein perfekter Hund einer Rasse auszusehen hat. Aber auch ein kurzer Einblick in Veranlagung und Wesen wird hier gegeben.

Deutsche Spitze, inklusive Keeshond und Pomeranian

FCI-Standard Nr. 97/05.03.1998/D
Ursprung Deutschland.
Datum der Publikation des gültigen Original-Standards 05.03.1998.
Verwendung Wach- und Begleithund.
Klassifikation FCI Gruppe 5 Spitze und Hunde vom Urtyp. Sektion 4 Europäische Spitze. Ohne Arbeitsprüfung.
Allgemeines Erscheinungsbild Spitze bestechen durch ein schönes Haarkleid, das reichliche Unterwolle abstehend macht. Besonders auffällig ist der sich um den Hals legende, starke, mähnenartige Kragen und die buschig behaarte Rute, die kühn über dem Rücken getragen wird. Der fuchsähnliche Kopf mit den flinken Augen und die spitzen kleinen, eng stehenden Ohren verleihen dem Spitz das ihm eigene kecke Aussehen.
Wichtige Proportionen Verhältnis von Widerristhöhe zur Länge des Hundes 1:1.
Verhalten/Charakter (Wesen) Der Deutsche Spitz ist stets aufmerksam, lebhaft und außergewöhnlich anhänglich gegenüber seinem Besitzer. Er ist sehr gelehrig und leicht zu erziehen. Sein Mißtrauen Fremden gegenüber und sein fehlender Jagdtrieb prädestinieren ihn zum idealen Wächter für Haus und Hof. Er ist weder ängstlich noch aggressiv. Wetterunempfindlichkeit, Robustheit und Langlebigkeit sind seine hervorragendsten Eigenschaften.

Spitze sind sehr wachsam, sie schlagen aber nur an, wenn es auch wirklich einen Grund dafür gibt.

Der Kopf mit den kecken Augen und den kleinen Ohren verleiht dem Spitz ein fuchsähnliches Aussehen.

Kopf

Oberkopf Der mittelgroße Spitzkopf erscheint von oben gesehen hinten am breitesten und verschmälert sich keilförmig bis zur Nasenspitze.

Stopp Mäßig ausgebildet bis betont, nie abrupt.

Gesichtsschädel

Nase Rund, klein und reinschwarz; bei allen braunen Spitzen dunkelbraun.

Fang Nicht zu lang, weder grob noch zugespitzt und steht in proportional gefälligem Verhältnis zum Oberkopf. (Bei Wolfsspitz/Keeshond, Großspitz und Mittelspitz ca. 2:3, bei Klein- und Zwergspitz/Pomeranian ca. 2:4.)

Lefzen Nicht überfallend, liegen straff an und bilden keine Falten zum Lefzenwinkel. Sie sind bei allen Farbschlägen schwarz pigmentiert, bei allen braunen Spitzen braun.

Kiefer/Zähne Kiefer sind normal entwickelt und zeigen ein vollständiges Scherengebiss mit 42 Zähnen gemäß der Zahnformel, wobei die obere Schneidezahnreihe ohne Zwischenraum über die untere greift und die Zähne senkrecht im Kiefer stehen. Bei Klein- und Zwergspitzen/Pomeranian werden geringe Prämolarverluste toleriert. Ein Zangengebiss ist bei allen Spitzen zulässig.

Backen Sanft gerundet, nicht hervortretend.

Augen Mittelgroß, mandelförmig, etwas schräg gestellt, von dunkler Farbe. Die Augenlider sind bei allen Farbschlägen, schwarz pigmentiert, dunkelbraun bei allen braunen Spitzen.

Ohren Klein, stehen relativ nahe beieinander, hoch angesetzt und dreieckig zugespitzt; sie werden immer aufrecht mit steifer Spitze getragen.

Hals

Der mittellange Hals ist den Schultern breit aufgesetzt, im Nacken leicht gewölbt, ohne Wammenbildung und von einem mähnenartigen Haarkragen bedeckt.

Körper

Obere Profillinie Die Oberlinie beginnt an der Spitze der aufrecht getragenen Stehohren und geht in sanftem Bogen in den kurzen, geraden Rücken über. Die buschige, geschwungene Rute, die den Rücken zum Teil überdeckt, rundet die Silhouette ab.

Widerrist/Rücken Der hohe Widerrist fällt unmerklich ab in den möglichst kurzen, geraden, strammen Rücken.

Der Widerrist ist hoch angesetzt und geht fast nahtlos in den kurzen, geraden Rücken über.

Die Rute wird bereits bei Welpen über den Rücken gerollt getragen.

Lende Kurz, breit und kräftig.
Kruppe Breit und kurz, nicht abfallend.
Brust Tiefreichend, gut gewölbt, die Vorbrust gut entwickelt.
Untere Profillinie und Bauch Der Brustkorb reicht möglichst weit zurück, der Bauch ist nur mäßig aufgezogen.
Rute Die Rute ist hoch angesetzt, mittellang, gleich an der Wurzel aufwärts und nach vorne über den Rücken gerollt, fest auf dem Rücken liegend, sehr buschig behaart. Eine doppelte Schleife am Rutenende ist zulässig.

Gliedmaßen
Vorderhand Gerade, eher breite Front.
Schulter Gut bemuskelt und mit dem Brustkorb straff verbunden. Das Schulterblatt ist lang und liegt schräg zurück. Der etwa gleich lange Oberarm bildet zum Schulterblatt einen Winkel von ca. 90 Grad.
Ellenbogen Das Ellenbogengelenk ist kräftig, dem Brustkorb anliegend und wird weder ein- noch ausgedreht.
Unterarm Mittellang, im Verhältnis zum Rumpf stämmig und völlig gerade, an der Rückseite gut befedert.
Vordermittelfuß Kräftig und mittellang, steht in einem Winkel von ca. 20 Grad zur Senkrechten.

Die Vorderhand eines Spitzes ist gerade mit einer eher breiten Front.

Vorderpfoten Möglichst klein, rund, mit gut aneinanderliegenden und gut gewölbten Zehen, sogenannte Katzenpfoten. Krallen und Fußballen sind bei allen Farbschlägen schwarz, dunkelbraun bei allen braunen Spitzen.
Hinterhand Sehr muskulös und bis zum Sprunggelenk üppig behost. Die Hinterläufe stehen gerade und parallel.
Oberschenkel/Unterschenkel Ober- und Unterschenkel sind etwa gleich lang.
Knie Das Kniegelenk ist kräftig, nur mäßig gewinkelt und wird in der Bewegung weder nach außen noch nach innen gedrückt.
Hintermittelfuß Mittellang, sehr kräftig und steht senkrecht zum Boden.
Hinterpfoten Möglichst klein, rund, mit gut aneinanderliegenden und gut gewölbten Zehen, sogenannten Katzenpfoten und derben Fußballen. Die Farbe der Krallen und Ballen ist möglichst dunkel.
Gangwerk Bewegen sich bei gutem Schub gerade, flüssig und federnd.

Das Gangwerk soll laut Standard über einen guten Schub verfügen, gerade, flüssig und federnd sein.

Haut

Die Haut liegt am Körper straff an, ohne jede Faltenbildung.

Haarkleid

Deutsche Spitze haben ein doppeltes Haarkleid: Langes, gerades, abstehendes Deckhaar und kurze, dicke, wattige Unterwolle. Kopf, Ohren, Vorderseite der Vorder- und Hinterläufe und Pfoten sind kurz und dicht (samtig), der übrige Körper ist lang und reich behaart; nicht gewellt, gekräuselt oder zottig, auf dem Rücken nicht gescheitelt. Hals und Schultern bedeckt eine dichte Mähne. Die Rückseite der Vorderläufe ist gut befedert, die Hinterläufe von der Kruppe bis zu den Sprunggelenken üppig behost, die Rute buschig behaart.

Farbe

a) Wolfsspitz/Keeshond Graugewolkt.
b) Großspitz Schwarz, braun, weiß.
c) Mittelspitz Schwarz, braun, weiß, orange, graugewolkt, andersfarbig.
d) Kleinspitz: Schwarz, braun, weiß, orange, graugewolkt, andersfarbig.
e) Zwergspitz/Pomeranian Schwarz, braun, weiß, orange, graugewolkt, andersfarbig.
Schwarzer Spitz Bei der Behaarung des schwarzen Spitzes muss auch das Unterhaar ebenso wie die Haut dunkel gefärbt und die Farbe auf der Oberfläche ein Lackschwarz ohne jedes Weiß oder sonstige Abzeichen sein.
Brauner Spitz Der braune Spitz soll gleichmäßig einfarbig dunkelbraun sein.

Spitze verfügen über ein wetterfestes, doppeltes Haarkleid, das pflegeleichter ist als es scheint.

Weiße Spitze müssen absolut reinweißes Haar haben ohne einen Anflug von Gelb.

Weißer Spitz Das Haar soll reinweiß sein, ohne jeden, insbesondere gelblichen Anflug, welcher speziell an den Ohren häufiger auftritt.

Oranger Spitz Der orangefarbene Spitz soll gleichmäßig einfarbig in mittlerer Farblage sein.

Graugewolkter Spitz (Keeshond) Silbergrau mit schwarzen Haarspitzen. Fang und Ohren dunkel gefärbt; um die Augen herum eine deutliche Zeichnung, bestehend aus einer feinen schwarzen Linie, die schräg vom äußeren Augenwinkel zum unteren Ohransatz verläuft, sowie aus gestrichelten Linien und Schattierungen, welche kurze, aber ausdrucksvolle Augenbrauen formen; Mähne und Schulterring hell; Vorder- und Hinterläufe silbergrau ohne schwarze Abzeichen unterhalb der Ellenbogen bzw. Knie, ausgenommen einer leichten Strichelung über den Zehen; schwarze Rutenspitze; Rutenunterseite und Hosen hellsilbergrau.

Andersfarbiger Spitz Unter die Bezeichnung andersfarbig fallen alle Farbtöne, wie creme, creme-sable, orange-sable, black-and-tan und Schecken. Schecken müssen eine weiße Grundfarbe haben. Die schwarzen, braunen, grauen oder orangen Farbflecken müssen über den ganzen Körper verteilt sein.

Größe und Gewicht

Widerristhöhe Die gewünschte Größe, mit angegebener Toleranz, beträgt bei:
a) Wolfspitz/Keeshond: 49 cm ± 6 cm
b) Großspitz: 46 cm ± 4 cm
c) Mittelspitz: 34 cm ± 4 cm
d) Kleinspitz: 26 cm ± 3 cm
e) Zwergspitz/Pomeranian: 20 cm ± 2 cm (Exemplare unter 18 cm unerwünscht)

Gewicht Jede Größenvarietät des Deutschen Spitzes soll ein ihrer Größe entsprechendes Gewicht haben.

Bei den gescheckten Spitzen muss Weiß als Grundfarbe vorherrschen.

Fehler

Jede Abweichung von den vorgenannten Punkten muss als Fehler angesehen werden, dessen Bewertung in genauem Verhältnis zum Grad der Abweichung stehen sollte und dessen Einfluss auf die Gesundheit und das Wohlbefinden des Hundes zu beachten ist. Schwere Fehler sind:

- Fehler im Gebäude.
- Zu flacher Kopf, ausgesprochener Apfelkopf.

Die typische Färbung des Wolfsspitzes wird als graugewolkt beschrieben.

Der Seidenspitz

Im 18. Jahrhundert entstand in Deutschland aus Kreuzungen zwischen Zwergspitzen und Maltesern der sogenannte Seidenspitz. Die Hunde hatten langes, seidiges Haar, das im Gegensatz zum echten Spitz kaum vom Körper abstand. Um den kleinen Vierbeinern ein spitzartiges Aussehen zu verpassen, griff man kurzerhand zur Schere und kreierte eine entsprechende Frisur. Bereits um 1880 war der Seidenspitz nur noch sehr selten in Deutschland anzutreffen. Die Zucht gestaltete sich als sehr schwierig, da die Zwerghunde nur eine geringe Fruchtbarkeit aufwiesen, sodass meist nur ein bis zwei Welpen pro Wurf fielen. Außerdem machte den Züchtern die Staupe arg zu schaffen, der man damals noch völlig hilflos ausgeliefert war. In den USA arbeitet man derzeit am Neuaufbau der Seidenspitz-Zucht.

Der Keeshond soll immer eine Gesichtszeichnung aufweisen.

Der Seidenspitz entstand aus Kreuzungen zwischen Zwergspitzen und Maltesern.

- Fleischfarbene Nase, Lefzen und Augenlider.
- Bei Wolfspitz/Keeshond, Groß- und Mittelspitzen Zahnfehler.
- Zu große und zu helle Augen, Quellaugen.
- Fehler im Bewegungsapparat.
- Fehlende Gesichtszeichnung bei graugewolkten Spitzen.

Ausschließende Fehler

- Aggressiv oder ängstlich.
- Nicht geschlossene Fontanelle.
- Vor- oder Rückbiss.
- Ektropium und Entropium.
- Kippohren.
- Deutlich weiße Flecken bei allen nicht weißen Spitzen.
- Hunde, die deutlich physische Abnormalitäten oder Verhaltensstörungen aufweisen, müssen disqualifiziert werden.

Nachbemerkung

Rüden müssen zwei offensichtlich normal entwickelte Hoden aufweisen, die sich vollständig im Hodensack befinden.

Verhalten und Charakter

Spitze sind alles andere als falsche Kläffer, sondern vielmehr sehr anhängliche, liebenswerte Temperamentsbündel.

Für ihre Fans sind Spitze einfach spitze! Trotzdem eilt den pelzigen Vierbeinern häufig der Ruf voraus, falsche Kläffer zu sein. Dieses Vorurteil wird dem einst beliebtesten Hofhund Mitteleuropas jedoch in keiner Weise gerecht, denn blickt man einmal hinter die Fassade der fünf Deutschen-Spitz-Varietäten lernt man schnell äußerst liebenswerte, pfiffige und sportliche Hunde kennen, die für ihre Menschen sprichwörtlich durchs Feuer gehen würden.

Viele Eigenschaften haben sich die Spitze noch von ihrer Vergangenheit als Wächter von Haus und Hof bewahrt. So mussten sie grundsätzlich mit allem und jedem verträglich sein, da sie häufig mit mehreren Generationen einer Familie sowie vielen verschiedenen Tieren zusammenlebten. Auch eine große Anpassungsfähigkeit war seit jeher von Nöten, schließlich sollte der Universalwachhund selbst mit der Enge auf einem Schiff fertig werden. Eine gehörige Portion Wachsamkeit durfte natürlich nicht fehlen, denn die hübschen Hunde mussten kompromisslos die Vorräte der eigenen Familie gegen zwei- und vierbeinige Eindringlinge und Räuber verteidigen. Diese Eigenschaften, aber auch das Aussehen haben sich unsere Spitze bis heute nahezu unverändert erhalten. Typisch für den Spitz ist, neben dem quadratischen Gebäude und der über den Rücken eingerollt getragenen Rute, das fuchsähnliche Gesicht mit den aufmerksamen Augen und den immer auf Empfang gestellten Ohren. Dem intelligenten Vierbeiner entgeht somit nichts, nicht die kleinste Bewegung oder das leiseste Geräusch. Die Hauptaufgabe aller Spitze war in jedem Fall, stets mit wachen Sinnen aufzupassen, die Umgebung auszuspitzeln und Verdächtiges lautstark kund zu tun. Daraus ergibt sich aber keine größere Bellfreudigkeit als bei anderen Hunderassen, da er genau alltägliche Situationen von unnormalen zu unterscheiden weiß.

Die intelligenten Hunde sind sehr anpassungsfähig und verträglich mit anderen Vierbeinern.

Instinktsicherer Begleithund

Alle Spitze, ganz gleich welcher Größe, zeichnen sich durch eine besondere Instinktsicherheit und Wesensstärke aus. Sie sind noch sehr ursprünglich in ihren Verhaltensweisen und äußerst intelligent. Als echte Energiebündel verfügen sie über viel Temperament, dass sie auch gerne sportlich ausleben. Spitze sind dabei nicht nur für Hundesport jeglicher Art zu begeistern, sondern auch für gemeinsame Rad- und Wandertouren, Joggingrunden oder Reitausflüge. Trotz allem Temperament benötigen Zwerg- und Kleinspitz nicht ganz so viel Bewegung wie die Großen. Daher fühlen sich die kleineren Rassevertreter auch bei älteren und nicht so sportlichen Menschen wohl. Generell geben sich Spitze tageweise schon mal mit weniger Auslauf zufrieden, eine fordernde Beschäftigung ist für sie allerdings sehr wichtig. Kopfarbeit darf bei dieser cleveren Rasse also nie zu kurz kommen.

Entsprechend ausgelastet sind Spitze im Haus ruhig und ausgeglichen. Aufgrund ihrer großen Anpassungsfähigkeit, ihres sehr sozialen, liebenswerten Wesens und ihrer Charakterfestigkeit eignen sich die hübschen Vierbeiner hervorragend für Familien mit Kindern. Sie lieben es, mit den Kleinen durch den Garten zu toben und gemeinsam mit ihnen auf Abenteuersuche zu gehen. Eine wichtige Basis für die Kinderfreundlichkeit der Vierbeiner ist, dass beide Seiten von Anfang an zu einem verantwortungsvollen Umgang miteinander angeleitet werden. Hier sind die Eltern gefragt, dem Kind das richtige Maß an Zuneigung zu vermitteln, damit der Vierbeiner trotzdem noch seinen eigenen Freiraum behält. Zudem ist eine optimale Sozialisation des Hundes von klein auf

Für eine rassegerechte Auslastung ist Kopfarbeit sehr wichtig.

Spitze sind tolle Familienhunde, die mit ihren Leuten gern durch Dick und Dünn gehen.

wichtig, dann sind Spitze sehr einfühlsam, geduldig und zart im Umgang mit den Kleinen. Auch Wolfs- und Großspitz sind sehr vorsichtig und aufmerksam, aber auch wachsam, damit den Kleinen nichts passiert.

Anhängliche Schmusebacke

Die hübschen Vierbeiner sind allesamt überaus zärtlich, anschmiegsam, anhänglich und treu. Sie versuchen stets die Aufmerksamkeit ihrer Bezugsperson zu erlangen und folgen ihr, wann immer es möglich ist, wie ein Schatten. Sie lieben es, im Mittelpunkt zu stehen und so richtig verwöhnt zu werden. Dies birgt natürlich auch die Gefahr des „Verziehens", zumal die hochintelligenten Hunde sofort erkennen, wen sie mit Charme und Raffinesse um ihr Pfötchen wickeln können. Generell benötigen Spitze sehr viel Zuneigung, Liebe und Ansprache. Aufgrund ihrer Vergangenheit als anpassungsfähige Hofhunde, gewöhnen sie sich schnell an andere Haustiere und nehmen diese respektvoll in ihr Rudel auf. Wegen ihrer guten Verträglichkeit mit Artgenossen, sind sie außerdem hervorragende Zweithunde.

Bekannt sind Spitze für ihre ansteckende Fröhlichkeit, die sie zu richtigen Gute-Laune-Hunden macht. Sie sprühen regelrecht vor Lebensfreude, sind äußerst gutmütig und am liebsten immer und überall mit dabei. Außerdem zeigen sie sich bis ins hohe Alter verspielt. Dieser große Spieltrieb kann sehr gut in der Erziehung ausgenutzt werden. Von seinem Halter fordert der Spitz ein hohes Maß an Kreativität, denn langweilt sich der clevere Kerl, schaltet er beim Training schnell ab oder sucht sich selbstständig eine, in seinen Augen, interessantere Beschäftigung. Abwechslung ist für ihn also Trumpf. Grundsätzlich gilt die Rasse dank ihrer Lernfreudigkeit als leichtführig, obwohl sie auch mal ihren eigenen Kopf

Die verschmusten Vierbeiner lassen sich gerne nach Strich und Faden verwöhnen.

Spitze sprechen sehr gut auf eine spielerische Erziehung an.

haben kann. Ein konsequentes Grenzen setzen ist daher ernorm wichtig, denn aufgrund ihrer ausgeprägten Intelligenz und guten Beobachtungsgabe durchschauen die pelzigen

Die cleveren Gute-Launer-Macher lernen gerne Kunststückchen jeglicher Art.

Vierbeiner sehr schnell jede Schwäche ihres Halters und nutzen diese natürlich schamlos für sich aus. Geduld, Einfühlungsvermögen und Konsequenz sowie viel Lob sind in der Erziehung eines Spitzes sehr wichtig.

Selbstbewusste Frohnatur

Ein Hund der „Spitzenklasse" ist nicht unterwürfig, sondern hat schon ein ausgeprägtes Selbstbewusstsein, mit dem er stets im eigenen Interesse handelt. Er passt sich überall an, verliert dabei aber nie seinen Vorteil aus den Augen. Mit inkonsequenten Menschen macht der clevere Charmebolzen schnell, was er will. Er ist überhaupt äußerst erfinderisch und entpuppt sich rasch als einfallsreicher Clown. Oftmals zeigt er sich richtig originell, indem er Kunststückchen nachahmt oder neu erfindet. Die Zwerge erinnern dabei an kleine Kobolde, während die Größeren in Tausendsassa-Manier viel Spaß ins Haus bringen. Grundsätzlich lernen alle Spitze sehr gerne diverse Tricks. Mit einem Spitz gibt es also auch immer etwas zu lachen. Daher versteht es sich von selbst, dass humorlose Miesepeter von der Anschaffung dieser Rasse absehen sollten.

Zuhause sind Spitze sehr wachsam und furchtlos. Sie verfügen über einen großen Beschützerinstinkt, der im Notfall auch in Verteidigungsbereitschaft umschlägt. Grundsätzlich sind Spitze sehr neugierig, dabei aber doch stets ausgesprochen vorsichtig. Sie stürmen nie blindlings los, sondern prüfen die Lage erst sorgfältig, bevor sie entsprechend handeln. Fremden gegenüber sind die aufmerksamen Vierbeiner eher misstrauisch und zurückhaltend, nie jedoch reagieren sie aggressiv. Außerdem sind die kecken Hunde absolut unbestechlich. Typisch für den Spitz ist auch seine Hoftreue, er neigt also nicht zum Streunen. Beim Spaziergang zeigt er keinerlei Jagdtrieb.

Vor allem der Keeshond fängt gerne Mäuse, ansonsten hält sich der Jagdtrieb der Spitze aber in Grenzen.

Eine Tatsache, die selbst den Freilauf im Wald entspannt möglich macht, zumal der treue Vierbeiner generell immer in der Nähe seiner Menschen bleibt. Stets sucht er auch den Blickkontakt zu seinem Besitzer.

Zwei Dinge verträgt ein Spitz gar nicht und das sind Härte und Druck. Damit würde er nur auf stur schalten und nichts ginge mehr. Konsequenz ist dagegen sehr wichtig, aber auch Fairness darf im Umgang mit einem Spitz nie fehlen. Er will als gleichwertiger Partner in einem Team verstanden werden. Bekannt ist der Spitz außerdem für sein gutes Gedächtnis: Was er einmal gelernt hat, vergisst er sein Leben lang nicht mehr.

Gravierende Wesensunterschiede zwischen den einzelnen Spitz-Varietäten gibt es eigentlich nicht, somit hält diese Rasse mit ihren fünf verschiedenen Größen für jeden Spitzliebhaber den passenden Begleiter parat.

Die Rasse eignet sich sehr gut für Einsätze im sozialen Bereich.

Der Japan Spitz

Wer sein Herz an die Rasse Spitz verloren hat, aber die Bellfreudigkeit des Deutschen Spitzes etwas scheut, könnte sich einen Japan Spitz anschaffen. Er ist nah verwandt mit dem weißen Großspitz, der zu seinen direkten Vorfahren zählt und ein sehr ähnliches Wesen hat. Zudem wurden für die Entstehung der Rasse diverse nordische Spitze eingekreuzt. Heraus kam ein Hund, der zwar genauso aufmerksam ist wie der Deutsche Spitz, jedoch weniger misstrauisch und dadurch leiser. Sogar im Standard ist festgehalten, dass der Japan Spitz „keinen Lärm machen darf“.

Der Spitz heute

Heutzutage ist der Spitz ein beliebter Begleithund.

Nicht nur durch seine Farbenvielfalt und die unterschiedlichen Größenvarianten ist der Spitz eine der vielseitigsten Hunderassen überhaupt. Einst als Wachhund mit großer Hoftreue gezüchtet, fühlt sich der intelligente Vierbeiner auch heute noch als aufmerksamer Spitzel auf Bauernhöfen wohl. Inzwischen trifft man ihn jedoch häufiger als reinen Familien- und Begleithund an.

Obwohl der Spitz nicht unbedingt danach lechzt, betreibt er doch sehr gerne Hundesport jeglicher Art. Außerdem ist der nette Vierbeiner ein toller Begleiter beim Radfahren, Joggen, Walken oder Wandern und beim Reiten. Groß- und Wolfsspitz eignen sich außerdem zur Fährten- und Flächensuche sowie zum Mantrailing. In Österreich werden Wolfsspitze sogar erfolgreich im Bergrettungs- und Lawinendienst eingesetzt. Dabei zeigen sie einen enormen Einsatz- und Arbeitswillen. Vor Ausbildungsbeginn zum Rettungshund erfolgt eine eingehende Prüfung auf Wesensfestigkeit und Nasenarbeit, denn nur physisch und psychisch völlig gesunde Hunde sind für diese Arbeit geeignet. Außerdem unterstützen Wolfsspitze österreichische Senner auf der Alm, indem sie zuverlässig Kühe und Schafe beaufsichtigen.

Selbst im Showbusiness sind Spitze beliebt: Ob beim Film, Fernsehen oder im Zirkus, die schlauen Vierbeiner machen immer eine gute Figur, vorausgesetzt natürlich, man weiß sie zu nehmen.

Spitzbub mit sozialer Ader

Aufgrund ihrer hohen Intelligenz, charmanten Liebenswürdigkeit und steten Gelassenheit kommt die Rasse auch im sozialen Bereich immer wieder zum Einsatz. So macht der Spitz beispielsweise als Gehörlosenhund hörgeschädigte Menschen auf Geräusche aufmerksam. Schwerhörige Menschen nutzen die Meldefreudigkeit des Spitzes aus, denn das Bellen der Vierbeiner ist oft durchdringender und besser zu hören als eine Türglocke.

Epileptikern zeigt der spitzenmäßige Hund, nach einer speziellen Ausbildung, Frühsymptome eines Krampfanfalles an.

In Österreich werden Wolfsspitze auch als Viehhüter auf Almen eingesetzt.

Prominente Fans

Auch unter Prominenten hat der Spitz eine große Fangemeinde. Wilhelm Buch beispielsweise, der selbst einen Spitz hielt, verewigte die Rasse mehrfach in seinen zahlreichen Werken. Auch Wolfgang Amadeus Mozart hatte sein Herz an den Spitz verloren. Seinen Rüden „Pimperl" fand man einen Tag nach dem Tod des Komponisten, ebenfalls verendet unter Herrchens Bett. Der Maler Adrian Ludwig Richter setzte dem Spitz in unzähligen Bildern ein Denkmal. Marie v. Ebner-Eschenbach ließ die Rasse in mehreren ihrer literarischen Werke vorkommen. Daneben gibt es viele, weitere berühmte Spitz-Freunde wie Michelangelo, König Wilhelm II. von Württemberg, Martin Luther, Queen Victoria von England, Charlotte von England, Thomas Gainsborough, Adalbert Stifter, König Edward VII., Sebastian Kneipp und Wolfgang Joop.

Mindestens eine Wolfsspitzhündin gibt es sogar in Deutschland, die dahingehend ausgebildet wurde, ihr Herrchen (ein Diabetiker) auf erste Anzeichen einer Unterzuckerung hinzuweisen.

Groß- und Wolfsspitz werden vereinzelt auch als Behindertenbegleithund eingesetzt. Voraussetzungen für die Ausbildung sind Lernwilligkeit, eine hohe Reizschwelle, Aggressionsfreiheit und Apportierfreude. Neben den praktischen Hilfestellungen im Alltag, die der Spitz gehandicapten Menschen gibt, ist die positive psychologische Wirkung solch eines vierbeinigen Helfers nicht zu unterschätzen. Ein Behindertenbegleithund verhilft zu neuem Selbstbewusstsein. Er trägt maßgeblich dazu bei, eventuelle Hemmschwellen zu überwinden und verschafft Herrchen oder Frauchen schnell Kontakte zu anderen Hundebesitzern.

Apportierfreude ist eine wichtige Voraussetzung für eine Ausbildung zum Behindertenbegleithund.

Immer häufiger trifft man den Spitz auch in den unterschiedlichsten therapeutischen Einrichtungen an. Wegen seiner Feinfühligkeit, Menschenfreundlichkeit und seines liebenswerten, souveränen Auftretens ist der intelligente Vierbeiner hier ein sehr gern gesehener Gast. Altenheime, Krankenstationen oder Einrichtungen für Behinderte, die jemals mit einem Spitz zusammenarbeiten durften, möchten ihn nicht mehr missen, da seine Ausstrahlung auch von viel Charme und Herzenswärme geprägt ist. Außerdem hat er ein sehr sanftes Auftreten, durch das auch Hundeskeptiker schnell Vertrauen fassen. Vor allem Kinder finden in dem bärigen Vierbeiner einen liebevollen und zarten Seelentröster, wenn es darauf ankommt, aber auch einen lustigen Clown, der gekonnt von Alltagsproblemen und Krankheiten ablenkt. In Altenheimen sind Klein- und Mittelspitz als Besuchshunde sehr begehrt, denn aufgrund ihrer geringen Größe können sie mühelos auf einem Krankenbett oder Rollstuhl Platz nehmen. Zudem kennen gerade ältere Menschen den Spitz noch von früher her und wissen selbst viele Geschichten über ihn zu berichten.

Weiß man Spitze also richtig zu nehmen, entpuppen sie sich schnell als wahre Multitalente.

Anforderungen an den Halter

Die Anschaffung eines Spitzes muss gut überlegt werden, schließlich gilt es durchschnittlich 13 Jahre lang die volle Verantwortung für ein Lebewesen zu übernehmen.

Fragen, die vorab zu klären sind

Überlegen Sie die Anschaffung eines Spitzes gut, immerhin liegt seine durchschnittliche Lebenserwartung bei etwa 13 Jahren. Bedenken Sie daher schon im Vorfeld genau, ob es Ihnen finanziell möglich ist, für sämtliche Kosten, die der Hund mit sich bringt, über Jahre hinweg aufzukommen. Neben den Kosten für die Grundausstattung sowie für den Erwerb des Hundes selbst, schlägt sich die tägliche Futterration, vor allem der großen Spitze, auf Dauer gesehen natürlich deutlich in Ihrem

Bedenken Sie auch im Vorfeld, welche Kosten über die Jahre hinweg mit einer Hundeanschaffung auf Sie zukommen können.

Das üppige Fell des Spitzes ist wider Erwarten sehr pflegeleicht.

Geldbeutel nieder. Zusätzlich müssen Sie eine Haftpflichtversicherung sowie regelmäßige Impfungen und Entwurmungen bezahlen. Schnell kann Ihr Vierbeiner auch unvorhergesehen erkranken, unter Umständen sind sogar langwierige und teure tierärztliche Behandlungen nötig.

Überlegen Sie außerdem, ob die äußeren Gegebenheiten stimmen. Keiner der anhänglichen Spitz-Varietäten darf aus Platzmangel in einem Zwinger gehalten werden. Hier würde der menschenbezogene Vierbeiner physisch und psychisch verkümmern. Während sich Groß- und Wolfsspitz in einem Haus mit Garten am wohlsten fühlen, können die kleineren Varietäten bei einer angemessenen Auslastung auch gut in einer Wohnung gehalten werden. Ein Zaun ist bei dem heutzutage sehr hohen Verkehrsaufkommen generell ratsam, allerdings muss dieser bei den sehr ortstreuen Spitzen nicht hoch sein, denn er dient vielmehr als psychologische Barriere.

Trotz seines üppigen Haarkleides ist der Spitz sehr pflegeleicht, denn er hat ein absolut schmutzabweisendes Fell. Selbst bei starker Verunreinigung reicht es meist, wenn sich der Hund ein paar Mal schüttelt und er anschließend mit einem Mikrofasertuch abgerieben wird. Vergessen Sie aber den Fellwechsel im Frühjahr und Herbst nicht, der sich im wahrsten Sinne des Wortes auch an Ihren Kleidern, Polstermöbeln und Teppichen niederschlägt. Allerdings bleiben die langen Haare gut auf den Polstern liegen und lassen sich problemlos abnehmen, im Gegensatz zu kurzhaarigen Hunderassen, deren Haare sich tief in Stoffe bohren und dann kaum noch entfernen lassen.

Fragen Sie nach, ob Ihr Vermieter mit der Anschaffung eines Hundes einverstanden ist. Erkundigen Sie sich auch, ob Sie den Hund, bei Abwesenheit aller anderen Familienmitglieder, mit ins Büro nehmen dürfen. Denken Sie an die Ferienzeit: Sind Sie gewillt, in zukünftigen Urlauben mit Hund eventuelle Abstriche, Zielort und Unternehmungen betreffend, zu machen? Der Spitz hält sich beispielsweise lieber in kühleren Regionen auf, besonders heiße Gegenden wären für ihn also nicht geeignet. Wollen Sie ohne Vierbeiner verreisen, überlegen Sie vorab, ob Sie einen lieben Hundesitter an der Hand hätten oder eine gute Hundepension bezahlen können. Auch manche Züchter nehmen ihren ehemaligen Nachwuchs gerne wieder in Pflege; fragen Sie schon bei der Anschaffung Ihres Welpen nach.

Fragen Sie schon vorab, ob Bekannte oder Verwandte im Notfall mal auf Ihren Hund aufpassen würden.

Kleiner Exkurs: Der Spitz im deutschen Sprachgebrauch

Etliche deutsche Redensarten beziehen noch heute den Spitz mit ein. So ist beispielsweise mit einem Spitzel ein Spion gemeint, der im Verborgenen alles überwacht. Wird etwas ausgekundschaftet, so kann dies auch mit dem Wort ausspitzeln umschrieben werden. Spitzt sich die Lage zu, wird es ernst und Gefahr droht; hier ist also erhöhte Aufmerksamkeit gefragt. Für das beliebte Gesellschaftsspiel „Spitz pass auf!" stand die Rasse bereits vor Jahrzehnten Pate. Wie für den echten Hofspitz zählen auch für den Spitz im Spiel Wachsamkeit und Reaktionsschnelligkeit.

Rassebedürfnisse

Passen die finanziellen und äußeren Gegebenheiten optimal zu einer Hundeanschaffung, überlegen Sie sich, ob Sie auf Dauer, das heißt ein Hundeleben lang, genügend Zeit und Lust haben, den Ansprüchen eines Spitzes gerecht zu werden. In allen Größen sind Spitze temperamentvolle Energiebündel, die gerne abwechslungsreich gefordert werden, um ausgeglichen und glücklich zu sein. Die intelligenten Vierbeiner benötigen täglich Auslauf und zwar bei jedem Wetter. Natürlich brauchen Groß- und Wolfsspitz am meisten Bewegung, aber auch die Kleinen wollen sich auspowern. Zwar sind alle Spitzarten auch mal mit weniger Auslauf zufrieden, dies sollte jedoch nicht zur Regel werden. Sie müssen richtig rennen und toben können und dürfen nicht nur an der kurzen Leine geführt werden. Die kleineren Rassevertreter fühlen sich durchaus bei älteren und nicht so sportlichen Menschen wohl.

Die bärigen Naturburschen toben sich gerne bei jedem Wetter draußen aus.

Spitze lieben Denksport jeglicher Art.

Alle Spitze leben aber auch gerne bei aktiven Outdoorfans, die mit einfühlsamem Hundeverstand auf den cleveren Vierbeiner eingehen und ihn an vielen sportlichen Aktivitäten teilhaben lassen. Kreative Action und Humor dürfen dabei nie zu kurz kommen. Sehr wichtig im Leben eines Spitzes ist Denksport. Langeweile ist für den pfiffigen Vierbeiner Gift, denn dann entartet er auch mal zum dauerkläffenden Wadelbeißer. Er braucht eine Aufgabe, der er sich voll und ganz widmen kann. Spitze arbeiten grundsätzlich sehr gerne als unverzichtbare Partner in einem Team. Sie lieben auch Hundesport jeglicher Art. Die kecken Vierbeiner benötigen also generell sehr viel Zeit und Aufmerksamkeit.

Den aufmerksamen Spitzbuben entgeht nichts, sie haben eine erstaunliche Beobachtungsgabe.

Konsequenz ist bei der Rasse oberstes Gebot, ansonsten wickelt sie einen mit viel Charme und Raffinesse blitzschnell um das „Pfötchen".

Humorvolle Spitze

Etliche Rassevertreter sind große Wasserratten, die selbst vor schmutzigen und schlammigen Pfützen, geschweige denn dem akkurat angelegten Gartenteich nicht Halt machen. Allzu penible Menschen werden daher möglicherweise nicht glücklich mit dem nässeliebenden und noch dazu langhaarigen Vierbeiner. Allerdings gibt es natürlich auch Hunde, die mit dem kühlen Nass gar nichts am Hut haben. Diese individuelle Vorliebe ist jedoch vorab nur schwer festzustellen, sodass der Spitz in dieser Hinsicht ein echtes Überraschungsei ist.

Viele Spitze lieben es auch heute noch, wie einst zu Hofwächterzeiten, einen Ausguck zu haben, von dem aus sie stets alles überblicken. Haben Sie einen Garten ums Haus, wird Ihr Deutscher Spitz durch regelmäßiges Umherlaufen alle für ihn strategisch wichtigen Punkte prüfen. Bei einer reinen Wohnungshaltung jedoch kann es sein, dass Ihr Vierbeiner kurzerhand die Fensterbank oder Couchrückenlehne zum offiziellen Stützpunkt für seine Patrouillenpunkte mit optimaler Rundumsicht erklärt. Dies ist ebenfalls absolut rassetypisch.

Spitze legen häufig eine sehr lustige Art an den Tag. Daher darf im Umgang mit ihnen ein stetes Augenzwinkern nicht fehlen, neben Konsequenz natürlich, die bei den hochintelligenten Vierbeinern ebenfalls sehr wichtig ist. Obwohl die Hunde zwar durchaus für Anfänger geeignet sind, brauchen sie doch eine klare Linie, an der sie sich orientieren können sowie genaue Grenzen, an die sie sich halten müssen. Ansonsten kann einem ein Spitz aufgrund seiner unglaublichen Cleverness auch ganz schön auf der Nase herumtanzen. Zudem ist viel Einfühlungsvermögen, Geduld und ein liebevoller Umgang mit viel Lob und Zuneigung sehr wichtig für die Rasse.

Stimmt die Chemie zwischen Ihnen und Ihrem Spitz, wird es nichts geben, was der Vierbeiner nicht für Sie tut. Menschen, die einen Spitz rein als Prestigeobjekt ansehen oder den Hund nur seines hübschen Aussehens wegen anschaffen, werden auf Dauer nicht glücklich mit einem fordernden Lebewesen wie es ein Hund nun mal ist. Auch der Vierbeiner hat hier vermutlich schlechte Karten, mit all seinen Bedürfnissen voll zum Zug zu kommen.

Ist es Ihnen möglich, einen Spitz gänzlich in Ihr Leben zu integrieren, geht es nun an die Auswahl des Hundes.

Welpe oder erwachsener Hund?

Die Erziehung eines Welpen ist teilweise anstrengend und nervenaufreibend.

Haben Sie sich für die Anschaffung eines Spitzes entschieden, stehen Sie nun vor der Frage, ob Sie einen Welpen oder einen erwachsenen Vierbeiner aufnehmen wollen. Ein Welpe ist wie ein Rohdiamant, den Sie erst schleifen müssen. Dies kostet viel Zeit und Geduld, aber sicherlich auch Nerven und Anstrengungen. Ein junger Hund verlangt ständige Zuwendung, anfangs sogar nachts. Es dauert eine Weile, bis der kleine Kerl stubenrein ist. Außerdem muss er sich an fremde Menschen, Tiere und einen normalen Alltag gewöhnen, und er muss erst lernen, alleine zu bleiben. Zunächst benötigt ein Welpe drei- bis viermal am Tag Futter. Mehrere kurze Spaziergänge sind für den, sich noch im Wachstum befindlichen, instabilen Bewegungsapparat des Hundekindes, auf den sich zu viel Belastung folgenschwer auswirken kann, sinnvoller als ein ganz langer.

Ein erwachsener Hund ist schon eine ausgereifte Persönlichkeit mit eventuell versteckten Macken und Eigenarten.

Die Erziehung eines jungen Hundes sowie die eventuell etwas renitente Flegelphase werden Sie voll und ganz fordern. Andererseits lässt sich ein Welpe noch gut formen, er entwickelt sich also größtenteils genau zu dem, zu dem Sie ihn machen. Dies gilt natürlich auch im negativen Sinne: Haben Sie nicht von Anfang an eine klare Linie in Ihrer Erziehung, bekommen Sie bald einen aufsässigen, verzogenen Fratz, der Ihnen im Erwachsenenalter schnell über den Kopf wächst.

Mit einem älteren Vierbeiner kann dagegen schon etwas mehr Ruhe in Form einer ausgereiften Hundepersönlichkeit bei Ihnen einzie-

hen. Ein erwachsener Spitz ist höchstwahrscheinlich aus dem Gröbsten raus, er ist stubenrein, ist mit Halsband und Leine vertraut, kann ab und zu mal alleine bleiben und kennt mindestens die erzieherischen Grundkommandos wie Sitz, Platz, Hier und Pfui – vorausgesetzt natürlich, er genoss bis zu diesem Zeitpunkt ein gutes Zuhause mit einer entsprechenden Prägung.
Ist Ihnen allerdings die vollständige Lebensgeschichte Ihres Spitzes bis zum Zeitpunkt des Einzuges bei Ihnen unbekannt, kaufen Sie möglicherweise die „Katze im Sack". Der genaue Charakter, eventuelle Macken und das Verhalten des Vierbeiners zeigen sich erst im alltäglichen Zusammenleben. Daher kann die Aufnahme eines erwachsenen Hundes eher etwas für Kenner sein. Eindeutige Regeln und Grenzen sind sehr wichtig für ein harmonisches Miteinander, deshalb muss dem neuen Familienmitglied seine untergeordnete Stellung im Hunderudel von Anfang an klargemacht werden. Hundeunerfahrene Menschen entscheiden sich also besser für einen Welpen als für einen gänzlich unbekannten erwachsenen Vierbeiner. Ersthalter können mithilfe einer guten Hundeschule gemeinsam mit ihrem Welpen wachsen und lernen. Der Einzug eines Welpen erleichtert auch das Zusammengewöhnen mit eventuellen weiteren Haustieren. Halten Sie bereits einen oder mehrere Hunde, hat ein Welpe noch mehr Narrenfreiheit und wird eher spielerisch, aber doch bestimmt in die Rangordnung der anderen Rudelmitglieder eingewiesen. Bei einem erwachsenen, voll ausgereiften Neuzugang können dagegen gleich heftige Kämpfe um die Rudelposition ausbrechen.
Sehen Sie sich unbedingt schon vor der Anschaffung eines Vierbeiners nach einer geeigneten Hundeschule um.

Für Hundeunerfahrene Menschen kann die Aufnahme eines Welpen einfacher sein als die Übernahme eines unbekannten erwachsenen Vierbeiners.

Lassen Sie Ihrem vierbeinigen Hausgenossen viel Zeit zur Eingewöhnung, schließlich muss er die vielen neuen Eindrücke in Ruhe verarbeiten.

Beachten Sie auch ...

Lassen Sie Ihrem vierbeinigen Neuzugang viel Zeit für die ***Eingewöhnung****. Am besten nehmen Sie sich Urlaub, damit Sie sich erst einmal gegenseitig in Ruhe kennenlernen können. Springen Sie trotzdem nicht den ganzen Tag nur um Ihr neues Familienmitglied herum. Geben Sie Ihrem Hund genug Freiraum, sein jetziges Zuhause selbst zu erkunden. Zeigen Sie ihm andererseits vom ersten Tag an liebevoll, aber bestimmt, was er darf und was nicht. Respektieren Sie auch ausreichende Ruhephasen, in denen Ihr Vierbeiner nicht gestört werden möchte, schließlich sind die vielen neuen Eindrücke anstrengend und ermüdend.*

Ihre Entscheidung, ob Sie eine Hündin oder einen Rüden anschaffen möchten, richtet sich nach Ihren Vorstellungen und Wünschen.

Rüde oder Hündin?

Ob Sie sich für einen Rüden oder eine Hündin entscheiden, ist Geschmacksache. Oft wirken Rüden imposanter und selbstbewusster in der Körperhaltung. Sie sind manchmal hartnäckiger und sturer als Hündinnen. Rüden neigen eher zu starkem Selbstbewusstsein, weshalb ihre Halter bei der Erziehung meist etwas mehr Durchsetzungsvermögen brauchen. Ein Rüdenbesitzer muss sich aber auch von Zeit zu Zeit auf einen liebeskranken und somit fürchterlich leidenden Vierbeiner einstellen und zwar dann, wenn eine Hündin in der Umgebung läufig ist. Etliche verliebte Casanovas tun ihren Schmerz um die unerreichbare Angebetete sogar lautstark kund; diese Heulorgien können wiederum zu Ärger bei den Nachbarn führen. Außerdem erweisen sich viele liebestolle Vertreter als wahre Ausbrecherkönige, wenn es darum geht, ihrer „Traumfrau" näherzukommen. Ein intakter, genügend hoher Gartenzaun ist also bei unkastrierten Rüden besonders wichtig.

Das ständige Markieren eines Rüden ist ebenfalls nicht jedermanns Sache. Hobbygärtner büßen dabei sicherlich die eine oder andere

Machtkämpfe sind bei Hündinnen eher selten. Hormonell bedingt können sie jedoch auch zickig sein.

Eine Kastration kann bei Spitzen eine gravierende Fellveränderung zur Folge haben.

Pflanze ihres Gartens ein. Bei vermeintlich konkurrierenden Artgenossen lassen unkastrierte Rüden gerne den Macho raushängen, der auch mal mit viel Getöse einen Schaukampf um die Rangordnung anzettelt. Solche Auseinandersetzungen sind jedoch meist harmlos, während Hündinnen untereinander, aus der instinktsicheren Sorge um ihren vermeintlichen Nachwuchs, mit echten Beißereien nicht lange fackeln.

In der Regel haben Hündinnen eine femininere Statur als Rüden. Sie haaren zweimal jährlich vor der Läufigkeit sehr stark. Machtkämpfe wie sie bei Rüden um die hausinterne Rangordnung hin und wieder vorkommen können, sind bei Hündinnen eher selten. Dies kommt jedoch auch auf die Erziehung der Hunde und die sozialen Strukturen innerhalb des Rudels an. Hündinnen geben sich, vor allem hormonell bedingt, auch mal zickig. Eine Hündin wird ein- bis zweimal im Jahr läufig. In diesem Zeitraum, der etwa drei Wochen dauert, ist besondere Vorsicht geboten, damit es nicht zu unerwünschtem Nachwuchs kommt.

Um Flecken im Haus zu vermeiden, ist ein spezielles Hundehöschen mit extra Slipeinlagen aus dem Fachhandel bei manchen Hündinnen ratsam. Daran gewöhnt sich der Vierbeiner in der Regel jedoch schnell, obwohl es

Die läufige Hündin

Eine Hündin wird zum ersten Mal zwischen dem siebten und zwölften Lebensmonat läufig. Insgesamt dauert die Hitze, die ein- bis zweimal im Jahr auftritt, etwa 21 Tage. Sie unterteilt sich in drei Phasen: Die ersten neun Tage nennt man Vorbrunst (Proöstrus), äußerlich zu erkennen am Anschwellen der Schamlippen. Nun wird die Hündin ruhiger, vielleicht etwas launisch und markiert anfangs häufig; manchmal frisst sie auch schlecht und neigt zum Streunen. Jetzt lässt die Hündin zwar noch keinen Rüden an sich heran, ihr Interesse am anderen Geschlecht wächst jedoch zunehmend. Während der zweiten Phase, der sogenannten Hochbrunst oder Eisprungphase (Östrus) tritt immer mehr schleimiges, mit Blut vermischtes Sekret aus der Scheide aus. Zu diesem Zeitpunkt wandern die Eizellen vom Eierstock in den Eileiter; dort können sie befruchtet werden. Der Östrus dauert acht bis zehn Tage und ist zu erkennen am weiteren Anschwellen sowie einer noch stärkeren Rötung der Schamlippen. Die blutigen Ausscheidungen gehen in einen hellen Ausfluss über. Ab dem neunten Tag der Läufigkeit „steht" die Hündin; sie zeigt Rüden ihre Paarungsbereitschaft durch eine fast aufdringliche Annäherung und das seitliche Wegknicken ihrer Rute an. Nach dem Östrus folgt der Metöstrus; in dieser Phase klingt die Läufigkeit langsam ab, die Schwellung der Schamlippen geht zurück, der Ausfluss wird weniger. Auch das Verhalten „normalisiert" sich allmählich wieder.

Verhütung bei Hunden

*Bei der Kastration einer **Hündin** nimmt man operativ die Eierstöcke und meist auch die Gebärmutter heraus. Da nun die entsprechenden hormonproduzierenden Drüsen fehlen, ist der Geschlechtstrieb nach einer Kastration völlig ausgeschaltet.*

Das Risiko der Hündin, an Gebärmutterkrebs und an einem Gesäugetumor zu erkranken, wird durch die Kastration deutlich vermindert bzw. bei einer Kastration vor der ersten Läufigkeit praktisch ausgeschlossen. Andererseits kann eine so frühe Kastration ein dauerhaft kindlich-kindisches Wesen der Hündin zur Folge haben, denn der Reifeprozess, der durch die Hormone ausgelöst wird, fehlt hier; dies muss jedoch kein Nachteil sein. Bei einer Operation nach der ersten Läufigkeit liegt das Krebsrisiko für die Hündin bei ca. 8 %, nach der zweiten Läufigkeit bei ca. 26 %.

*Ein **Rüde** ist kastriert, wenn seine beiden Hoden entfernt wurden.*

Kastrierte Tiere werden in der Regel ruhiger. Manche Hunde neigen anschließend verstärkt zu Fettansatz (Futtermenge anpassen), eventuellen Fellveränderungen oder zeigen Inkontinenz. Während man Hündinnen hauptsächlich zur Vermeidung unerwünschten Nachwuchses kastriert, erfolgt die Kastration eines Rüden häufig bei Verhaltensauffälligkeiten. Selbstverständlich lassen sich Verhaltensauffälligkeiten, die durch Erziehungsfehler des Halters entstanden sind, nicht durch eine Kastration korrigieren.

Manche Rüden haben, bedingt durch zu viel Testosteron, einen übersteigerten Sexualtrieb, der mit Streunen, übertriebenem Imponiergehabe und aggressivem Konkurrenzverhalten gegenüber anderen Rüden einhergeht. Hier oder bei krankhaften Veränderungen der Geschlechtsorgane kann die Kastration eines Rüden durchaus nötig sein. Beim Rüden wirkt die Kastration auch als vorbeugende Maßnahme gegen Prostataerkrankungen und Perinaltumore (= Zubildungen rund um den After).

Letztendlich liegt es in den Händen eines verantwortungsvollen Tierarztes, individuell zu entscheiden, ob eine Kastration angebracht ist oder nicht.

Eine Alternative zur operativen Trächtigkeitsverhütung stellt die medikamentöse Verhütung mittels Hormonpräparaten dar. Diese Methode sollte allerdings nicht auf längere Zeit eingesetzt werden, denn die hormonelle Manipulation einer Hündin erhöht die Wahrscheinlichkeit einer eitrigen Gebärmutterentzündung, die in der Regel wiederum nur operativ zu behandeln ist.

Eine weitere ganz neue Möglichkeit ist die Verhütung mittels Implantat, das wie ein Mikrochip unter die Haut gespritzt wird und alle sechs Monate ausgetauscht werden muss. Laut Hersteller ist dieses Implantat nebenwirkungsfrei, allerdings ist es nicht ganz billig (ca. 50,- € Materialkosten). Für Hündinnen ist das Verhütungsimplantat noch in der Probephase. Bei Rüden wird es bereits eingesetzt; es zeigt die gleiche Wirkung einer operativen Kastration.

Oftmals werden Hunde nach einer Kastration ruhiger.

immer wieder auch Ausnahmen gibt: Manche Hündinnen versuchen alles, ihre Hose wieder loszuwerden. In der Regel bluten Spitz-Hündinnen nur sehr wenig. Außerdem sind sie äußerst reinlich, sodass ihre Läufigkeit anfangs oft gar nicht bemerkt wird. Wollen Sie die Läufigkeit Ihrer Hündin auf Dauer umgehen, schafft eine Kastration Abhilfe. Dieser Eingriff in den Hormonhaushalt der Hündin ist allerdings in Fachkreisen nicht unumstritten. Gerade bei Spitzen kann eine Kastration bei Rüden und Hündinnen zudem gravierende Veränderungen des Haarkleides mit sich bringen. Häufig wird das Fell nicht nur länger und üppiger, sondern es verliert auch seine eigentlich so pflegeleichte Textur, wird untypisch wattig und flauschig.

Äußere Umstände wie Stress oder klimatische Einflüsse (z. B. starke Kälte) sowie Krankheiten können die Läufigkeit beeinflussen, sodass sie eventuell auch mal ausbleibt oder sich verschiebt. Es ist außerdem möglich, dass sich die Abstände der Läufigkeit mit zunehmendem Alter der Hündin vergrößern und die Symptome nicht mehr so stark ausgeprägt sind.

Manche Hündinnen werden im Anschluss an ihre Hitze scheinträchtig. Hier haben sich homöopathische Mittel wie Pulsatilla oder Ignatia als hilfreich erwiesen. Geht die Scheinträchtigkeit jedoch mit Aggressivität, Apathie und übermäßiger Milchbildung einher, kann eine Kastration angebracht sein. Sprechen Sie in diesem Fall mit Ihrem Tierarzt.

Lassen Sie sich ausführlich von einem Tierarzt beraten, ob bei Ihrem Hund eine Kastration wirklich sinnvoll ist oder nicht.

Ein Hund aus dem Tierheim

Ein Hund aus zweiter Hand erfordert zur Eingewöhnung viel Geduld und Einfühlungsvermögen.

Die Aufnahme eines Tierheimhundes erfordert meist viel Geduld und Einfühlungsvermögen. Die Vorgeschichte eines solchen Vierbeiners liegt oft völlig im Dunkeln, unerwartete Verhaltensweisen können auftreten. Selbst bei einem Tierheim-Welpen wissen Sie häufig nichts Näheres über seine bisherige Haltung. Da schon eine gute Kinderstube sehr wichtig und prägend für eine intakte Hundeseele ist, kann hier bereits einiges schiefgelaufen sein, was sich nur schwer wieder ausbügeln lässt. Auch das Wesen der Elterntiere, die Sie im Tierheim meist nicht kennenlernen, ist ein wichtiger Anhaltspunkt für den späteren Charakter Ihres jetzt ausgesuchten Zöglings.

Je nach früheren Erlebnissen hat Ihr junger oder älterer Spitz vielleicht schon einige Macken, die Sie erst allmählich herausfinden müssen. Trotzdem lohnt es sich, diese Nuss behutsam zu knacken. Besuchen Sie Ihren auserwählten Vierbeiner bereits im Tierheim häufiger und gehen Sie oft mit ihm spazieren, ehe Sie sich endgültig für eine Übernahme entscheiden. Die Auswahl eines Tierheimhundes erfordert besondere Sorgfalt, schließlich soll der Vierbeiner mit seiner neuen Familie zu einem echten Glückspilz und nicht, nach seinen ersten auftauchenden Eigenarten, zum erneut abgeschobenen Pechvogel werden. Wichtig ist, sich und den Hund von Anfang an nicht unter Druck zu setzen. Geben Sie sich für die Gewöhnung aneinander unbedingt ausreichend Zeit. Weisen Sie Ihre Kinder schon im Vorfeld darauf hin, dass der neue Vierbeiner erst einmal Ruhe und Behutsamkeit zur Eingewöhnung braucht. Bevor sie auf ihn zustürmen und ihn streicheln wollen, sollten auch sie erst einmal genau beobachten, wahrnehmen und abwarten.

Beachten Sie ...

Die Übernahme eines Tierheimhundes erfordert in der Regel Hundeerfahrung, denn wie erwähnt, liegt die Vergangenheit des Vierbeiners häufig im Dunkeln. Manche Tierheimhunde erscheinen auf den ersten Blick unkompliziert und anpassungsfähig; in unterschiedlichen, oft ganz banalen Situationen des Alltags holen sie jedoch rasch frühere schlechte Erlebnisse ein und lassen sie dementsprechend reagieren. Für Anfänger wird dies unter Umständen zu einem unlösbaren Problem. Hundeerfahrene Menschen können sich dagegen kompetenter und souveräner darauf einstellen und damit auseinandersetzen. Erstlingshaltern sei daher geraten, zunächst einmal einen Welpen von einem seriösen VDH- bzw. FCI-Züchter zu nehmen.

Die Aufnahme eines Secondhand-Hundes kann eher etwas für Kenner sein.

Wählen Sie einen Züchter mit Bedacht aus, denn eine gute Kinderstube ist für die weitere Entwicklung des Hundes schon die halbe Miete.

Auswahl von Züchter und Hund

Entscheiden Sie sich für den Kauf eines Hundes vom Züchter, bekommen Sie eine aktuelle Wurfliste über die Welpenvermittlungsstellen der dem VDH angeschlossenen Rassevereine. Vergleichen Sie verschiedene Zwinger kritisch vor Ort miteinander.

Prüfen Sie die Zuchtstätte ganz genau und nehmen Sie nicht den erstbesten Welpen vom erstbesten Züchter. Scheuen Sie sich zudem nicht vor weiten Anfahrtswegen, immerhin geht es um die sorgfältige Auswahl eines neuen Familienmitglieds, mit dem Sie viele glückliche Jahre teilen möchten. Stellen Sie sich auch auf eine eventuelle Wartezeit ein, denn häufig wird nur auf Nachfrage hin gezüchtet. Dies ist allerdings ein gutes Zeichen, spricht es doch für eine reine Hobbyzucht, die primär an die Hunde und nicht an den Profit denkt. Trotzdem muss Ihnen ein gesunder Spitz-Welpe einiges Wert sein: Der durchschnittliche Welpenpreis liegt zwischen 600,– und 1300,– €.

Auch wenn die Welpen noch so süß sind: Tätigen Sie keinen Mitleidskauf von einer dubiosen Schwarzzucht.

Die Welpen sollen mit vollem Familienanschluss aufwachsen, sich bei Ihrem Besuch interessiert, selbstbewusst und freundlich zeigen. Ihr Fell glänzt, sie sind gut genährt und sehen rundum gesund aus. Das Verhalten der Welpen darf weder ängstlich noch aggressiv sein. Nehmen Sie außerdem die Mutter und, falls anwesend auch den Vater, sowie deren Gesundheitszeugnisse gründlich in Augenschein. Beide Elterntiere sollten Ihnen gegenüber zutraulich und freundlich sein. Achten Sie unbedingt auf Sauberkeit und Hygiene in der Zuchtstätte.

Ein guter Züchter interessiert sich sehr für Sie, Ihr Umfeld und eventuell bereits vorhandene Hundeerfahrung. Außerdem wird er Sie in keiner Weise bedrängen oder Ihnen einen Welpen aufschwatzen. Andererseits fragt er Sie, für welchen Zweck Sie einen Spitz anschaffen möchten, damit er Ihnen einen geeigneten Welpen aus dem Wurf konkret vorstellen kann, schließlich kennt er seine Hunde und deren Nachwuchs am besten. Das Wohl seiner Hunde liegt einem seriösen Züchter wirklich am Herzen.

Haben Sie sich schließlich für einen Züchter und einen seiner Welpen entschieden, vereinbaren Sie vor der Abholung Ihres Vierbeiners weitere Besuche, damit sich der Kleine schon etwas an Sie gewöhnt. Bringen Sie zusätzlich ein altes Handtuch mit, das in das Welpenlager gelegt, bald nach der Mutter und den Wurfgeschwistern riecht. Bei der Abholung des Welpen nehmen Sie dieses Tuch wieder mit und legen es ihm zuhause in sein neues Körbchen. Durch den weiterhin vorhandenen bekannten Geruch fällt ihm die Trennung von seiner Kinderstube nicht so schwer.

Eine vorbildliche Zuchtstätte bietet den Welpen bereits eine abwechslungsreiche Umgebung an, die sie nach Herzenslust erforschen können.

Nur vom seriösen Züchter

Tätigen Sie keine Mitleidskäufe! Bei dubiosen Schwarzzuchten oder Hundehändlern liegen Herkunft, Aufzucht und Vergangenheit der Hunde oft völlig im Dunkeln, sodass Sie anstelle eines gesunden und wesensfesten Rassehundes schnell eine Mogelpackung bekommen, die Ihnen mit zunächst versteckten Krankheiten und Verhaltensstörungen ein Hundeleben lang Kummer bereiten kann.

Das Warten auf einen Welpen von einer kontrollierten VDH- bzw. FCI-Zucht lohnt sich allemal; hier gelten strenge Zuchtauflagen, die eine gute Basis für das Hervorbringen robuster, gesunder und wesensstarker Vierbeiner bilden.

Ein gleichzeitiges Aufziehen mehrerer Würfe (möglicherweise noch von unterschiedlichen Rassen) innerhalb einer Zuchtstätte sollte Sie stutzig machen, spricht dies doch sehr für eine rein kommerzielle Angelegenheit.

Passendes Spielzeug darf natürlich nicht fehlen.

Welches Zubehör ist nötig?

Für Ihren Welpen benötigen Sie zunächst ein **Welpenhalsband** oder **-geschirr** und eine leichte Leine. Als Material hat sich Nylon bewährt; im Vergleich zu Leder ist es leichter, stabiler, nässefester und problemloser zu reinigen. Der ausgewachsene Spitz braucht später ein größeres und rund genähtes Halsband oder Geschirr sowie eine passende, stabile Leine. Gewöhnen Sie Ihren Hund sofort an das Tragen eines Halsbandes. Bringen Sie am Halsband neben der Steuermarke, eine gravierte Plakette oder eine Hülse mit Ihrer Adresse und Telefonnummer an, damit Sie im Falle des Verschwindens Ihres Vierbeiners schnell benachrichtigt werden können. Achten Sie darauf, dass das Halsband nicht zu eng und nicht zu locker sitzt. Ein Finger muss problemlos zwischen Hals und Halsband passen. Dies ist allerdings bei der üppigen Mähne des Spitzes nicht immer leicht abzuschätzen. Aus diesem Grund ist es ratsam dem ausgewachsenen Spitz ein genau für ihn angepasstes, rund genähtes oder geflochtenes (um Haarbruch zu verhindern) Halsband mit Zugstopp anzulegen. Auf diese Weise kann ein Herausschlüpfen verhindert werden.

Besorgen Sie außerdem für Haus und Garten je ein Set mit einem **Futter-** und einem **Wassernapf**. Sehr gut geeignet, da leicht zu reinigen, sind Edelstahl-, Keramik- oder stabile Plastiknäpfe.

Bei der Wahl des richtigen **Welpenfutters** lassen Sie sich am besten vorab von Ihrem Züchter beraten. Meist gibt der Züchter auch noch etwas von dem bisher gewohnten für den Anfang mit.

Um Haarbruch zu vermeiden, ist für Spitze ein Halsband mit abgerundeten Kanten und Zugstopp empfehlenswert.

Natürlich dürfen auch **Belohnungsleckereien** nicht fehlen.

Schlafplatz, Fellpflege und Spielzeug

Ihr Hund braucht seinen eigenen **Liegeplatz**. Manchen Vierbeinern reicht hier eine einfache Decke oder ein Kissen, andere kuscheln sich lieber in einen Korb. Wichtig ist auch hier die Möglichkeit einer leichten, unproblematischen Reinigung, denn angemessene Sauberkeit und Hygiene sind eine wichtige Basis für ein langes, gesundes Hundeleben. Alle Decken und Kissen müssen maschinenwaschbar sein. Ein Korb wird von Zeit zu Zeit ausgeschrubbt und anschließend mit Ungezieferspray behandelt. Hunde„körbe" gibt es inzwischen nicht nur aus Rattangeflecht, sondern auch aus stabilem, beißfestem Plastik oder aus Schaumgummi mit Stoffüberzug. Für den Junghund, der noch alles annagen und zerbeißen will, hat sich als Übergangslösung ein großer, mit einer Decke ausgelegter Karton bewährt, der schnell und preiswert ausgetauscht werden kann.

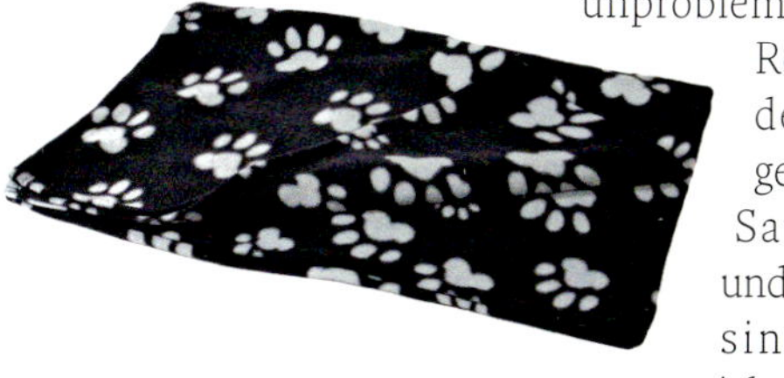

Besorgen Sie vor der Ankunft Ihres Hundes auch schon Leckerlis.

Ebenfalls praktisch und vielseitig verwendbar ist eine große **Plastik-Transportbox** oder eine Klappbox aus verchromtem Stahlgitter. Während Ihr Welpe darin bereits ein heimeliges Lager vorfindet, in dem Sie ihn während Ihrer Abwesenheit auch mal für kürzere Zeit ausbruchssicher verwahren können, weiß später sogar Ihr erwachsener Spitz diese Rückzugsmöglichkeit zu schätzen, vermittelt das Innere solch einer Box doch die Geborgenheit einer Höhle. Bei einer Klappbox kommt dieses Höhlenfeeling erst richtig auf, wenn Sie sie noch mit einem großen Tuch abdecken. Eine Box ist ebenfalls sehr hilfreich, Ihren Hund sicher im Auto unterzubringen. Eine ord-

Für die Beförderung Ihres Vierbeiners im Auto ist ein geeignetes Sicherungssystem nötig.

nungsgemäße Sicherung des Vierbeiners in einem Auto ist übrigens Pflicht; bei Verstoß drohen hohe Geldstrafen. Andere **Sicherungssysteme** für die Autofahrt sind beispielsweise ein spezieller Hundegurt in Verbindung mit einem Geschirr, mit dem Sie Ihren Spitz auf der Rückbank anschnallen oder stabile Trenngitter, die den Schrägheckkofferraum, in dem Ihr Hund sitzt, sicher vom Personenabteil abtrennen.

Für die Beförderung in öffentlichen Verkehrsmitteln ist mancherorts ein Maulkorb vorgeschrieben, auch wenn Ihr Hund ganz friedlich ist.

Damit Ihr Spitz gepflegt aussieht, ist einmal wöchentliches Bürsten wichtig. Spezielle **Bürsten** und **Kämme** bekommen Sie im Fachhandel.

Für Schlechtwettertage sind **Handtücher** zum Abtrocknen und Säubern unverzichtbar.

Schaffen Sie sich zudem eine **Zeckenzange** an, um Ihren wedelnden Freund schnell von den lästigen Plagegeistern befreien zu können.

Zu guter Letzt braucht Ihr vierbeiniger Jungspund natürlich **Spielzeug**.

EXTRA

Das richtige Hundespielzeug

Bei der Auswahl von Hundespielzeug orientieren Sie sich am besten an folgendem Grundsatz: Alles, was für Kleinkinder ungeeignet ist, kann auch für Hunde gefährlich werden. So sind spitze, scharfkantige und splitternde Gegenstände oder Dinge, in denen Drähte oder Nägel enthalten sind, für unsere Vierbeiner absolut tabu. Ebenfalls verboten sind Äste von giftigen Bäumen oder Sträuchern und lackierte Hölzer. Luftballons stellen eine Gefahr dar, weil sie zerbissen schnell heruntergeschluckt werden und eine Darmverschlingung hervorrufen können. Ihr Spitz darf sich nicht an den Spielsachen Ihrer Kinder wie beispielsweise Legobausteinen sowie an

Stöckchen aus dem Wald sind kein ideales Hundespielzeug, weil diese leicht splittern und zu schweren Verletzungen im Maul führen können.

Mit einem Ring aus Hartgummi spielen Hunde auch untereinander gerne.

Schnüren, Nylonstrümpfen, Windlichtern oder Plastikbechern vergreifen. Unproblematisch sind spezielle Hundespielsachen aus Hartholz, Jute, Hartgummi, Stoff und reißfestem Nylon.

Kauspielzeug aus natürlichen Materialien wie Rinder- und Büffelhaut bietet nicht nur eine interessante Beschäftigung, sondern hat gleichzeitig einen gesundheitlichen Nutzen, denn es stärkt und reinigt das Gebiss. Bälle müssen immer so groß sein, dass Ihr Hund sie nicht verschlucken kann.

Quietschspielzeug ist nur bedingt geeignet, denn ist Ihr Vierbeiner ein besonders eifriger „Spielzeug-Designer" zerlegt er auch ein Quietschtier schnell und frisst möglicherweise sogar das quietschende Ventil. Zudem sind einige Kynologen der Meinung, dass ein Hund durch das ständige Quietschen die Beißhemmung gegenüber quiekenden Artgenossen verlernt. Besser bewährt haben sich Spielsachen aus robustem Hartgummi. Ein begeisterter Apporteur sollte wegen der Splittergefahr auf Stöckchen aus dem Wald verzichten. Besorgen Sie ihm stattdessen lieber Hartholzspielzeug aus dem Zoofachhandel oder schneiden Sie einen Gartenschlauch in Spitz-gerechte Stücke. Als Alternative gibt es Dummys oder Bringsel aus Jute oder Leder, die absolut maulschonend sind.

Ein aus bunten Baumwollschnüren zusammengedrehter Knoten ist zwar sehr beliebt, kann jedoch gefährlich werden, wenn der Vierbeiner den Knoten zerlegt und zu viele Schnüre davon verschluckt. Verzichten Sie anfangs jedoch auf Zerrspiele mit Ihrem Welpen, denn diese können bei ihm zu bleibenden Gebissfehlstellungen führen. Außerdem kann ein übermäßiges Kämpfen und Raufen um ein Spieltau zu Rangordnungsproblemen führen, wenn Ihnen der kleine Kerl die Beute streitig macht.

Welpensicheres Zuhause

In Haus und Garten kann es für einen neugierigen Welpen schnell gefährlich werden. Treffen Sie daher am besten schon vorab entsprechende Sicherheitsvorkehrungen.

Überprüfen Sie Ihr Zuhause schon vor dem Einzug eines Welpen auf mögliche Gefahrenquellen hin für den kleinen Vierbeiner und beseitigen Sie diese gegebenenfalls. Für den noch unerfahrenen, verspielten Spitz, der ständig auf der Suche nach neuen Abenteuern ist, lauern etliche Gefahren in Haus und Garten. Welpen erkunden ihre Umgebung in erster Linie mit der Nase und mit den Zähnen, das heißt: Alles, was der junge Hund aufstöbert, muss beknabbert oder sogar gefressen werden. Besonders gefährlich und gefährdet sind hier Kabel und mobile Mehrfachsteckdosen. Verlegen Sie Kabel daher entweder in Kabelkanälen oder lagern Sie diese höher, so lange der Welpe noch in der Flegelphase ist. Versehen Sie Steckdosen am Boden und in Nasenhöhe des vierbeinigen Knirpses vorsichtshalber mit Kindersicherungen. Bewahren Sie ebenfalls außer Reichweite des jungen Spitzes Putzmittel und Medikamente auf. Erhöhte Vorsicht gilt bei Pflanzen, besonders, wenn sie giftig sind.

In zu großen Spalten des Balkonbodens können leicht die Krallen hängen bleiben.

Stellen Sie auch diese vorübergehend hoch oder quartieren Sie sie an einen anderen Ort um. Ein weiteres großes Gefahrenpotenzial stellen heruntergefallene Kleinteile wie Büroklammern, Stecknadeln oder Geldstücke dar, weil sie der Welpe aus Neugier fressen könnte. Von ganz besonderer Anziehungskraft sind

Schuhe. Junghunde spüren häufig mit einer erstaunlichen Zielsicherheit gerade das teuerste Paar auf und zerlegen es; vielleicht waren Sie aber auch schneller und haben die Schuhe rechtzeitig in Sicherheit gebracht. Hängen Sie auch Jalousie- und Rollobänder vorübergehend höher, denn das Fangen und Zerbeißen der „baumelnden" Schnüre ist ebenfalls sehr beliebt. Besonders interessiert ist der Welpe überall dort, wo es etwas auszuräumen gibt. Sichern Sie daher Möbeltüren oder Schubladen, die Ihr abenteuerlustiger Vierbeiner eventuell andernfalls mit seiner Schnauze oder Pfote öffnet. Ein mit einem Vorhang abgehängtes Regal regt enorm die Neugier eines jungen Hundes an; evakuieren Sie also rechtzeitig empfindliche Gegenstände. Höchst attraktiv sind auch Abfalleimer, deren Inhalt Ihren Spitz auf vielfältige Art schädigen kann. Steigen Sie deshalb besser auf Abfalleimer mit fest verschlossenem Deckel um. Nicht zuletzt ist das wilde Toben des kleinen Rackers gefährlich: Ist ein Welpe erst einmal in Fahrt, kennt er kein Halten mehr. Sichern Sie Treppen daher am besten mit einem Babygitter.
Bei einem kleinen Spitzwelpen gilt es zu berücksichtigen, dass er durch handelsübliche Babygitter problemlos hindurchschlüpfen kann. Hier kann aber leicht Abhilfe geschaffen werden, indem man ein Stück genügend hohe Kartonage durch das Gitter fädelt und es mit Klebeband fixiert. Natürlich müssen Sie generell alles Zerbrechliche aus dem Weg räumen.

Zusammenfassend gilt Alles, was für Babys oder Kleinkinder in einem Haushalt gefährlich ist, kann auch für einen jungen Hund lebensbedrohlich werden. Richten Sie sich jedoch durch entsprechende Vorkehrungen rechtzeitig darauf ein, wird das Zusammenleben mit Ihrem Spitz-Welpen in der heißen (Flegel-)Phase sicherlich stressfreier sein.

Tipps für den Garten

Auch im Garten kann es für einen jungen Hund gefährlich werden. Denken Sie hier an Folgendes:

- *Damit sich der Welpe nicht unerlaubt auf Wanderschaft begibt, umzäunen Sie Ihr Grundstück.*
- *Sichern Sie einen eventuell vorhandenen Gartenteich.*
- *Flicken Sie rechtzeitig vor Ankunft des Vierbeiners Löcher im bereits vorhandenen Zaun.*
- *Lagern Sie gefährliche Stoffe wie beispielsweise Frostschutzmittel für das Auto am besten in einem verschließbaren Schrank.*
- *Vorsicht mit der Aufbewahrung und Verwendung von Chemikalien im Garten (z. B. Dünger, Schneckenkorn etc.).*
- *Der Komposthaufen sollte für Ihren Hund unzugänglich sein.*
- *Bewahren Sie gefährliche Gartengeräte wie Scheren, Sägen, Rechen und Hacken außerhalb der Reichweite Ihres Hundes auf.*
- *Hängen Sie den Gartenschlauch sicherheitshalber auf.*
- *Vorsicht mit stacheligen Hecken und Bürsten. Toben kann hier schnell ins Auge gehen.*
- *Beachten Sie, dass ein neun Wochen alter Zwerg- oder Kleinspitzwelpe problemlos durch einen handelsüblichen Maschendrahtzaun von 5x5 cm hindurchschlüpften kann.*

Beseitigen Sie auch im Garten mögliche Gefahrenquellen für Ihren jungen Hund.

Die ersten Tage daheim

Die Haltung eines Spitzes erfordert viel Zeit, denn der bärige Vierbeiner braucht viel Aufmerksamkeit, Ansprache und Beschäftigung.

Ein seriöser Züchter gibt seine Welpen geimpft und entwurmt nicht vor der achten Lebenswoche ab. Am Abgabetag stattet er Sie mit dem Impfpass, der FCI-Ahnentafel (falls diese bereits vorliegt), Pflege-, Fütterungstipps und Futter für den Übergang aus. Außerdem sollten Sie auch eine Kopie des Wurfabnahmeberichtes erhalten. Vergessen Sie zur Abholung Ihres Hundekindes Welpenhalsband und Leine nicht. Wenn Sie berufstätig sind, nehmen Sie sich mindestens in den ersten zwei Wochen nach Einzug des Vierbeiners frei. Dies erleichtert nicht nur die Erziehung zur Stubenreinheit, sondern ist auch für die gesunde, seelische Entwicklung des Hundebabys sehr wichtig.

Lassen Sie sich für die Heimfahrt viel Zeit. Eine längere Autofahrt ist für Ihren Welpen neu und ungewohnt. Manchen Hundekindern wird zunächst einmal übel, einige speicheln daraufhin nur, andere müssen sich übergeben. Vergessen Sie für diesen Fall nicht, eine Küchenrolle einzupacken. Legen Sie unterwegs mehrere Pausen ein, in denen sich Ihr kleiner

Spitz lösen und bewegen kann. Fahren Sie langsam und knallen Sie nicht mit den Autotüren. Da der Welpe ungern die ganze Fahrt auf einem warmen Schoß sitzen und festgehalten werden möchte, ist es ratsam einen mit Handtüchern ausgelegten Wäschekorb mitzunehmen, in den er sich hineinkuscheln kann. Stellen Sie diesen Korb am besten auf den Schoß des Beifahrers oder in dessen Fußraum. Bei Bedarf kann der Welpe dann schnell beruhigt werden.

Der Tag der Abholung ist für Ihren Welpen mit vielen aufregenden Eindrücken verbunden, schließlich beginnt nun für ihn auch ein ganz neuer Lebensabschnitt.

Ihr Welpe zieht ein

Geben Sie Ihrem Welpen nach Ihrer Ankunft zuhause erst einmal genügend Zeit und Möglichkeit, sein neues Domizil ausgiebig zu erkunden. Auf keinen Fall dürfen alle Familienmitglieder gleichzeitig auf ihn einstürmen. In den ersten Stunden ist Behutsamkeit angebracht, damit der neue Mitbewohner nicht verängstigt wird. Zeigen Sie Ihrem Welpen seinen Schlafkorb. Setzen Sie ihn immer wieder hinein und beschäftigen Sie sich dort eine Weile mit ihm. Verbinden Sie dies schon von Anfang an mit dem Kommando „Körbchen". So merkt er bald, dass der Korb sein Platz ist und lernt schnell, auch auf Befehl dorthin zu gehen. Hat sich die erste Aufregung im neuen Heim für den Kleinen etwas gelegt, bekommt er sein Futter. Ein achtwöchiger Welpe muss drei bis vier Mahlzeiten erhalten. Eine Futterumstellung darf nur langsam erfolgen. Am besten mischen Sie hierfür nach und nach das mitgegebene Futter des Züchters mit Ihrem eventuell neuen Futter. Nach dem Füttern bringen Sie den Welpen sofort nach draußen, damit er sich lösen kann. Genauso verfahren Sie nach dem Spielen und wenn Ihr junger Spitz nach dem Schlafen aufwacht.

Beachten Sie, dass ein Welpe zunächst wie ein Baby noch sehr viel Schlaf braucht, ein Bedürfnis, dem Sie unbedingt Rechnung tragen sollten. Zur Erleichterung der Eingewöhnung nachts stellen Sie das Körbchen am besten an Ihr Bett. Ist Ihr Hund sehr unruhig, legen Sie ihm einen Wecker unter sein Kissen. Das Ticken erinnert ihn an den Herzschlag der Mutter und beruhigt ihn. Werden Sie ob dieses kleinen, niedlichen und vermeintlich hilflosen Geschöpfes nicht schwach und lassen den

Lassen Sie Ihren Welpen erst einmal in Ruhe sein neues Zuhause erkunden.

Erlauben Sie Ihrem vierbeinigen Neuzugang von Anfang an nichts, was er auch später nicht darf, selbst wenn er noch so süß aussieht.

Welpen ins Bett. Damit tun Sie sich und dem Hund keinen Gefallen. Dies wäre bereits der erste Schritt für den kleinen Neuankömmling in der Rangordnung mit Ihnen zu konkurrieren. Streicheln Sie Ihren, in seinem Körbchen liegenden Vierbeiner lieber von Ihrem Bett aus in den Schlaf. Die zärtliche Berührung mit Ihrer Hand gibt ihm all die Geborgenheit und das Vertrauen, das er braucht, um als Hundebaby einem neuen aufregenden Tag entgegen zu schlafen.

Ein Secondhand-Hund beobachtet Sie ganz genau und durchschaut schnell die familieninterne Rangordnung.

Tierheimhunde brauchen Zeit

Ein Secondhand-Hund benötigt besonders viel Zeit zur Eingewöhnung. Um ein besseres Bild von seiner Persönlichkeit zu bekommen, beobachten Sie den Neuankömmling ganz genau. Rasch finden Sie heraus, ob Sie nun ein extremes Sensibelchen oder eher ein forsches Raubein im Haus haben. Lassen Sie Ihrem Neuzugang nichts durchgehen, was er auch später nicht tun darf. Ein ehemaliger Tierheimhund wird in einer neuen Familie zunächst mit Reizen überflutet, die er erst einmal in Ruhe verarbeiten muss. Trotzdem ist es wichtig, Ihren Spitz von Anfang an so natürlich wie möglich an Ihrem normalen Tagesablauf teilhaben zu lassen. Führen Sie sofort feste Fütterungs-, Spiel- und Spaziergehzeiten ein, damit Ihr vierbeiniger Kamerad bald seinen festen Rhythmus kennt. Hat sich die erste Aufregung gelegt, wird Ihr Hund auch Sie ganz genau beobachten. Einem Spitz entgeht nichts. Er durchschaut schnell, wer in der Familie das Sagen hat und wer nicht und wo es Schwachstellen in der familieninternen Rangordnung gibt. Daher ist es besonders wichtig, klare Regeln vorzugeben, die der Vierbeiner strikt einhalten muss. Ihr Spitz ist rasch ausgeglichen und glücklich, wenn er sofort einen eindeutigen Platz in der neuen Lebensgemeinschaft einnimmt, mit einem Mensch an der Spitze, an dem er sich orientieren kann.

Die ersten Ausflüge

Auf Ihren ersten Spaziergängen sehen Sie, wie sich Ihr wedelnder Neuzugang Artgenossen gegenüber verhält. Auch für einen erwachsenen Spitz ist der regelmäßige Kontakt zu anderen Hunden nötig. Laden Sie Freunde mit Ihren Vierbeinern zu sich nach Hause ein: Da Ihr Hund anfangs noch kein Revierbewusstsein hat, wird er alles akzeptieren, was er in seinem neuen Heim vorfindet. Nutzen Sie diese Tatsache aus und machen Sie Ihren Spitz möglichst bald mit eventuellen anderen Haustieren bekannt. Auch wenn Ihr neuer Kamerad in seiner Prägephase eine gute Sozialisierung erfahren hat, ist der Besuch einer Hundeschule empfehlenswert. Ein Secondhand-Hund kann hier zusammen mit seinem Halter noch sehr viel lernen. Erziehungstechnisch brauchen Sie bei einem erwachsenen Hund meist nicht ganz bei Null anzufangen, sondern können auf die bereits vorhandenen Grundlagen aufbauen. Wichtig ist, dass Ihr Spitz nun Sie als neuen Hundeführer und somit Kommandogeber akzeptiert. Zeigen Sie daher unbedingt Konsequenz und Einfühlungsvermögen und bauen Sie behutsam eine vertrauensvolle Bindung zu Ihrem neuen Hausbewohner auf.

Tipp für Secondhand-Hundebesitzer

Um herauszufinden, welche Talente und Vorlieben Ihr Vierbeiner hat, kann eine kompetente Hundeschule sehr hilfreich sein. Hier werden meist auch Spiel-, Spaß- und Sportkurse angeboten, die jeden Vierbeiner seinen Neigungen entsprechend fordern. Die intensive gemeinsame Beschäftigung mit Ihrem Hund wird Ihre Bindung zueinander weiter fördern und Sie bald zu einem unzertrennlichen Dream-Team zusammenschweißen.

Außerdem muss es Ihrem Spitz Spaß machen, Ihnen zu gehorchen, die richtige Motivation ist also das A und O einer erfolgreichen, partnerschaftlichen Erziehung.

Bei ersten Ausflügen sehen Sie, wie sich Ihr Spitz anderen Hunden gegenüber verhält.

Die erste Phase der Sozialisierung spielt sich noch beim Züchter ab, für eine optimale Weiterführung ist anschließend der neue Besitzer verantwortlich.

Sozialisierung

Schon der Welpe muss mit möglichst vielen Umweltreizen vertraut gemacht werden, damit er später als erwachsener Hund einen stressfreien Alltag mit einem sozialverträglichen Verhalten gegenüber Mensch und Tier leben kann. Die wichtigste Zeitspanne für die Sozialisierung liegt zwischen der dritten und etwa der 16. Lebenswoche. Für die erste Phase ist also der Züchter verantwortlich: Dort soll der Welpe nicht nur durch den Umgang mit seiner Mutter und den Wurfgeschwistern hündisches Verhalten lernen, sondern auch möglichst viele positive Erfahrungen mit verschiedenen Menschen, einschließlich Kindern sind für die weitere Entwicklung des kleinen Vierbeiners wichtig. Deshalb sind bei einem verantwortungsvollen Züchter ab der vierten Woche Besucher willkommen, selbstverständlich wohldosiert, um die Welpen nicht zu überfordern. Durch eine abwechslungsreiche Umgebung, wie beispielsweise einem interessanten, kleinen Abenteuerspielplatz im Welpenauslauf, wird das Hundekind bereits mit diversen Um-

Das Vertrautmachen mit diversen Umweltreizen muss unbedingt in der Sozialisierungsphase eines Welpen geschehen.

Lassen Sie Ihren Welpen von Anfang an Ihrem bis dahin gewohnten Tagesablauf teilhaben.

weltreizen vertraut gemacht. Kurze Ausflüge sind dagegen erst erlaubt, wenn der Welpe komplett geimpft ist (ab der achten Lebenswoche). Hundekinder, die bis zu ihrer Abholung (und auch danach) völlig abgeschottet von ihrer Umwelt leben, tragen in der Regel irreparable Schäden davon, die sie an einer normalen Entwicklung hindern. Solche Hunde bleiben häufig ihr Leben lang unglückliche Sorgenkinder, die sich ständig als unsichere Angsthasen oder auch Beißer gebärden. Zudem zieht dies auch negative gesundheitliche Auswirkungen nach sich.

Nach der Abholung Ihres Spitzes vom Züchter liegt die weitere Entwicklung des Welpen in Ihrer Hand. Machen Sie ihn zuhause mit möglichst vielen Situationen bekannt: Sperren Sie ihn beispielsweise nicht weg, wenn Sie staubsaugen oder wenn Besuch kommt. Dies bedeutet natürlich nicht, dass Sie sofort nach der Ankunft des Vierbeiners den Staubsauger schwingen oder gar eine große Party feiern sollen. Vielmehr macht's die richtige Dosierung, damit Ihr junger Spitz langsam, aber sicher alle Geräusche und Abläufe um ihn herum als völlig normal ansieht. Leben noch andere Tiere bei Ihnen, gewöhnen Sie alle Vierbeiner ganz behutsam aneinander. Auf Stadtausflüge wird Ihr Welpe optimal vorbereitet, wenn Sie Großstadtgeräusche zunächst von einem Band abspielen. Am günstigsten ist dies während der Fütterung, denn dann verknüpft Ihr kleiner Spitz die ungewohnten Geräusche gleich mit etwas Positivem. Steigern Sie die Lautstärke allerdings erst allmählich. Gewöhnen Sie Ihren jungen Vierbeiner ebenfalls frühzeitig an die Mitnahme und das gesittete Verhalten im Auto und in öffentlichen Verkehrsmitteln.

Durch neue Eindrücke lernen

Während Ihrer Spaziergänge lassen Sie den Welpen in Ruhe seine Umgebung erkunden. Streuen Sie zwischendurch kleine Spielchen ein, die all seine Sinne und vor allem auch das Interesse an Ihnen wecken. Auf diese spielerische Art merkt Ihr Spitz schnell, dass es sich lohnt, Ihnen zu folgen. Wechseln Sie öfter mal die Wege und provozieren Sie Begegnungen mit Artgenossen, anderen Tieren und Menschen. Beginnen Sie hier bereits spielerisch die Erziehung, indem Sie Ihrem Spitz beispielsweise durch Ablenkung mit einem verlockenden Spielzeug oder besonderen Leckerbissen schon beibringen, fremde Menschen nicht anzuspringen. Respektieren Sie auch, wenn ein anderer Hundebesitzer von einem Zusammentreffen mit Ihnen Abstand nimmt. Nehmen Sie Ihren Welpen dann lieber an die kurze Leine und gehen Sie ohne direkten Kontakt am anderen Vierbeiner vorbei, schließlich muss Ihr Spitz auch lernen, sich in solchen Situationen manierlich zu verhalten. Das Kennenlernen verschiedener Bodenuntergründe und von Wasser fällt ebenso in die wichtige Sozialisierungsphase. Unbedingt empfehlenswert ist der Besuch einer Welpenspielstunde in einer guten Hundeschule.

Hier lernt der junge Vierbeiner zusammen mit gleichaltrigen Artgenossen, wie er sich hün-

Der Besuch einer Welpenspielgruppe ist empfehlenswert, damit Ihr Spitz hündisch korrektes Verhalten gegenüber Artgenossen lernt.

disch korrekt verhält. Außerdem wird er dort mit unterschiedlichen Geräuschen und Gegenständen wie zum Beispiel einem aufgespannten Regenschirm oder flatternden Folien vertraut gemacht. Gehen Sie allerdings erst mit Ihrem Welpen auf den Hundeplatz, wenn er geimpft und somit gegen diverse Infektionskrankheiten grundimmunisiert ist.

Um eine gute Verträglichkeit mit Artgenossen zu fördern, empfiehlt sich zudem häufiger Hundebesuch bei Ihnen daheim. Da Ihr Spitz dann nicht mehr als vierbeiniger Alleinherr-

Ausgelassenes Spielen der Hunde untereinander sollte auf einem Hundeplatz zwischendurch erlaubt sein.

scher im Mittelpunkt steht, kann dies sogar „Einzelkindallüren“ entgegenwirken.

So finden Sie die passende Hundeschule

Hundeschulen und Tiertrainer gibt es inzwischen an vielen Orten. Welche Möglichkeiten Sie in Ihrer Region haben, wissen in der Regel Tierärzte, örtliche Tierheime oder andere Hundehalter. Auch überregionale Verbände und Organisationen sind kompetente Ansprechpartner. Haben Sie nun eine konkrete Hundeschule im Auge, prüfen Sie das Angebot anhand der Fragen im Kasten genau.
Merken Sie, dass Sie mit dem Trainer oder der angebotenen Methode nicht zurechtkommen, wechseln Sie die Hundeschule. Handeln Sie immer im Interesse Ihres Hundes. Nur ein Spitz, der Spaß an der Sache hat, lernt gerne und leicht. Auch Sie können in einer kompetenten und sympathischen Hundeschule nette Freundschaften und Kontakte mit Gleichgesinnten knüpfen und einen wichtigen Erfahrungsaustausch pflegen.

- *Ist der Trainer schon am Telefon bereit, ausführlich Fragen zu beantworten und fragt er Sie auch viel über Sie und Ihren Hund?*
- *Nach welcher Methode wird trainiert?*
- *Kann der Trainer eine fundierte Ausbildung nachweisen?*
- *Gibt es ein (eingezäuntes!) Trainingsgelände, auf dem die Hunde in Trainingspausen auch mal miteinander spielen dürfen?*
- *Wie groß sind die Trainingsgruppen? Zu große Gruppen lassen kaum noch Spielraum für die genaue Beobachtung und Beratung eines jeden Einzelnen.*
- *Gibt es auch Einzelstunden für individuelle Probleme?*
- *Stehen die Kosten in einem vernünftigen Verhältnis zum Angebot?*
- *Sind ein anfängliches Zusehen sowie ein Probetraining möglich?*
- *Stimmt die Chemie zwischen Ihrem Vierbeiner und dem Trainer sowie zwischen Ihnen und dem Trainer?*
- *Freut sich Ihr Vierbeiner, wenn es auf den Hundeplatz geht und hat er Spaß am Training?*
- *Macht Ihr Hund langfristig Fortschritte?*

EXTRA

Welpenspielplatz zu Hause

Leicht können Sie Ihrem Welpen zu Hause mit einfachen und ganz alltäglichen Dingen einen Abenteuerspielplatz kreieren. Führen Sie Ihr Hundekind an alle Stationen langsam heran und zeigen Sie ihm alles ganz behutsam. Loben Sie Ihren Welpen ausgiebig, wenn er mutig die neue Umgebung erkundet. Haben Sie Geduld mit Angsthasen, aber kein Mitleid. Dieses menschliche Gefühl würde ihn in seiner Angst nur noch bestärken. Loben Sie Ihren Welpen aber für jeden kleinen Schritt mit Leckerli und freundlicher, beruhigender Stimme.

Daheim können Sie Ihrem Welpen ganz leicht einen Abenteuerspielplatz kreieren.

- Stellen Sie einen großen, offenen Karton auf, den Ihr Vierbeiner nach Herzenslust erkunden und anschließend auch zerlegen darf.
- Hängen Sie alte, bunte Stofffetzen an eine Wäscheleine: Hier lernt der Kleine, sich nicht von flatternden Dingen aus der Ruhe bringen zu lassen. Eine Stufe schwieriger wird's mit Folienresten, denn diese rascheln auch noch.
- Legen Sie eine Leiter auf den Boden und führen Sie Ihren jungen Spitz langsam darüber; hier ist Koordination gefragt, denn er lernt, seine Pfoten genau in die Leerräume zwischen den Sprossen zu setzen. Achten Sie darauf, dass der Welpe über die Sprossen schreitet und nicht springt. Wissenschaftliche Untersuchungen belegen, dass dies eine ausgeprägtere Verzweigung der Nervenbahnen im Gehirn zur Folge hat.
- Stellen Sie eine Hundetransportbox mit geöffneter Tür auf und verteilen Sie in der Box Leckerli. So wird der Welpe schon spielerisch mit der Box vertraut gemacht, verknüpft sie mit etwas Positivem (Futter) und empfindet später die Reise darin als etwas ganz Normales. Achten Sie darauf, dass Sie dem Welpen von Anfang an ein Kommando zum Herauskommen geben. Sagen Sie dieses, bevor er die Kiste von selbst verlassen möchte. Das Herauskommen auf Kommando belohnen Sie mit Futter.
- Legen Sie eine große Malerfolie auf dem Boden aus: Dies ist ein unbekannter, raschelnder und glatter Untergrund, den es zu betreten gilt; streuen Sie für Zaghafte Leckerli auf der Folie aus.
- Selbst ein Zelt ist ein interessantes Erkundungsobjekt, das sowohl durch die Überdachung als auch durch den Zeltboden neu und aufregend ist.
- Stellen Sie zum genauen Erforschen einen aufgespannten Sonnenschirm auf den Boden, legen Sie als Lockmittel Leckerli darunter aus.
- Legen Sie einen Eimer auf den Boden, den Ihr Hundekind ausgiebig erkunden darf.

ⓘ Lassen Sie zunächst in großer (!) Entfernung vom Welpen eine aufgeblasene Butterbrottüte platzen, sodass er den Knall erst nur sehr gedämpft hört; zusätzlich kann er währenddessen von einer zweiten Person mit Futter abgelenkt werden. Erhöhen Sie ganz langsam die Intensität des Geräusches. Auf diese Weise lernt ein Welpe Silvesterknallerei und Donnergrollen zu trotzen. Selbstverständlich funktioniert diese Übung auch wieder über eine aufgenommene Kassette oder CD. Beginnen Sie jedoch wie immer erst ganz leise und steigern Sie die Lautstärke langsam.

Bitte beachten Sie Auf keinen Fall ersetzt dieser Spielplatz daheim das Welpenspielen mit Artgenossen auf einem Hundeplatz. Er stellt lediglich eine gute Ergänzung dar, die Ihren Vierbeiner anderen Alltagssituationen gegenüber selbstbewusster und gelassener werden lässt.

Ein Welpe ist stets auf der Suche nach neuen Abenteuern.

Auch die Einladung eines anderen jungen Hundes macht Ihren Garten zum lustigen Welpenspielplatz.

Erste Erziehungsschritte

Auch erwachsene Hund können noch vieles lernen, doch in der Regel lernen Welpen schneller und leichter.

Gerade Ersthalter lassen sich häufig vom süßen Blick und putzigen Verhalten ihres neuen Familienmitglieds einwickeln und verschieben die Erziehung des kleinen Rackers zunächst einmal auf unbestimmte Zeit. Machen Sie diesen Fehler nicht. Am aufnahmefähigsten ist ein Welpe bis zur 18. Lebenswoche, nützen Sie also diese Zeit und fangen Sie sofort mit einer spielerischen Erziehung an. Ganz entscheidend für die Lernbereitschaft und damit auch die Lernfähigkeit ist das Lernklima. Stress und Angst sind Gift für ein erfolgreiches Lernen. Sicherlich können Sie das aus eigener Erfahrung gut nachvollziehen. Verschaffen Sie Ihrem Hund daher eine ruhige, angenehme und entspannte Atmosphäre, in der er, verstärkt durch die richtige Motivation, Spaß am Lernen hat.

Wie lernt ein Welpe?

- *Welpen sind ganz genaue Beobachter und lernen somit rasch, wovor Sie Angst haben, wen Sie mögen und wen nicht; auch die familieninterne Rangordnung durchschauen sie schnell.*
- *Welpen sind Praktiker: Vieles lernen sie durch Erfahrung, wie schlechte oder gute Erlebnisse, Bestrafung und Lob.*
- *Das genaue Lernverhalten eines Welpen ist abhängig von seinem individuellen Charakter, seiner Intelligenz und seinen speziellen, angeborenen Neigungen.*

Wenn Ihr Welpe am Boden schnüffelt, kann gleich ein Pfützchen folgen.

Stubenreinheit

Wie ein Menschenbaby braucht ein Welpe zunächst ein gewisses Bewusstsein dafür, wo er sich lösen darf und wo nicht. Bei der Erziehung zur Stubenreinheit ist viel Behutsamkeit angebracht. Überfordern Sie Ihren kleinen Spitz nicht. Bringen Sie ihn nach jeder Mahlzeit, nach jeder Spielphase und gleich nach dem Aufwachen zum Lösen ins Freie, vorzugsweise immer an den gleichen Platz. Beobachten Sie Ihr Hundekind ganz genau: Selbst, wenn er beispielsweise breitbeinig am Boden schnüffelt, ist schnelles Handeln angebracht, denn postwendend kann ein Pfützchen folgen. Verrichtet der Kleine draußen sein Geschäft, loben Sie ihn unbedingt überschwänglich.
Als anfängliches Welpenlager nachts empfiehlt sich ein hoher Pappkarton oder eine Transportbox in Ihrem Schlafzimmer, aus der Ihr Vierbeiner nicht selbstständig herauskommt. Weil er sein eigenes Lager nicht beschmutzen möchte, wird er unruhig und fängt an zu winseln, wenn er muss. Tragen Sie ihn dann schnell hinaus. Entdecken Sie ein Pfützchen im Haus, entfernen Sie es stillschweigend und gründlich, damit Ihr Welpe nicht wieder von seinem eigenen Geruch angezogen, an derselben Stelle uriniert. Ertappen Sie ihn gerade

Plötzliche Unsauberkeit

Unsauberkeit im Erwachsenenalter kann viele Gesichter haben. Um eine organische Ursache abzuklären, suchen Sie zunächst einen Tierarzt auf. Kann dies zweifelsfrei ausgeschlossen werden, begeben Sie sich in Ihrem Umfeld bzw. in der Seele Ihres Hundes auf Spurensuche. Fühlt sich Ihr Hund einsam oder vernachlässigt, verkraftet er einen eventuellen Umzug nicht, ist er eifersüchtig oder wird er gar von Artgenossen aus der Umgebung gemobbt? Oftmals steckt ein psychisches Problem des möglicherweise unverstandenen Vierbeiners dahinter. Auf keinen Fall dürfen Sie Ihren Hund für seine plötzliche Unsauberkeit bestrafen. An erster Stelle muss stets die Ursachenforschung stehen. Daraufhin folgt eine Verhaltensänderung seitens des Besitzers und schließlich auch des Hundes. Unterstützend hat sich der Einsatz von ***Bachblüten*** *bewährt. Um jedoch differenziert auf das jeweilige Problem des Vierbeiners eingehen zu können, empfiehlt sich anstelle einer willkürlichen Eigenmedikation ein ausführliches Gespräch mit einem veterinärmedizinisch erfahrenen Bachblütentherapeuten.*

Wird Ihr Spitz im Erwachsenenalter plötzlich unsauber, kann ein psychisches Problem dahinterstecken.

Lernen macht ganz schön müde. Jetzt ist erst mal ein kurzes Schläfchen angesagt – dann geht's weiter.

Ganz gleich, was Sie Ihrem jungen Spitz beibringen wollen, die richtige Motivation ist dabei das A und O.

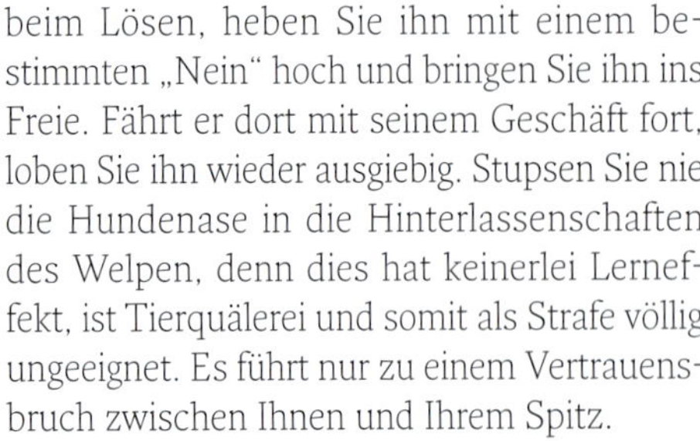

beim Lösen, heben Sie ihn mit einem bestimmten „Nein" hoch und bringen Sie ihn ins Freie. Fährt er dort mit seinem Geschäft fort, loben Sie ihn wieder ausgiebig. Stupsen Sie nie die Hundenase in die Hinterlassenschaften des Welpen, denn dies hat keinerlei Lerneffekt, ist Tierquälerei und somit als Strafe völlig ungeeignet. Es führt nur zu einem Vertrauensbruch zwischen Ihnen und Ihrem Spitz.
Lassen Sie Ihr Hundekind anfangs vorsichtshalber alle ein bis zwei Stunden nach draußen. Je aufmerksamer Sie Ihren Welpen beobachten (Geht er zur Tür? Winselt er?), und je schneller Sie dann reagieren, umso rascher wird Ihr Spitz stubenrein.

Leinenführigkeit

Mit ein paar Tricks können Sie Ihrem Welpen schnell ein ordentliches Gehen an der Leine beibringen. Bleiben Sie dabei dauerhaft konsequent, gewöhnt sich Ihr Spitz auch später kein übermäßiges Ziehen an. Machen Sie Ihr Hundekind zunächst einmal spielerisch mit seiner Leine vertraut; lassen Sie den Welpen ausgiebig daran schnuppern und zeigen Sie ihm, dass hiervon absolut keine Gefahr für ihn ausgeht. Dann leinen Sie Ihren Vierbeiner an und locken ihn mit einem Leckerli oder seinem Lieblingsspielzeug, sodass er ein paar Schritte an der Leine geht. Loben und belohnen Sie ihn ausgiebig, wenn er die Leine vergisst und Ihnen folgt. Geben Sie nicht nach, wenn er sich stur stellt, sich hinsetzt oder fallen lässt. Setzen Sie sich unbedingt spielerisch durch, denn einige Vierbeiner testen bei dieser Übung bereits, wie weit sie mit ihrem Sturköpfchen gehen können. Versuchen Sie Ihren Welpen in einem solchen Fall abzulenken, machen Sie sich interessant und locken Sie ihn zu sich.
Eine weitere Möglichkeit besteht darin, die Leine fallen zu lassen, weiterzugehen und den Namen des Welpen zu rufen. Da der Kleine nicht alleingelassen werden möchte, wird er Ihnen automatisch folgen. Nun loben Sie ihn überschwänglich und geben Sie ihm ein Leckerchen oder sein Lieblingsspielzug. Diese Übung sollten Sie natürlich nicht an einer Straße durchführen. Die richtige Motivation spielt für den jungen Hund stets eine entscheidende Rolle. Jeder Schritt in die richtige Richtung wird ausgiebig gelobt.
Akzeptiert Ihr Spitz die Leine, geht es daran, ihn gar nicht erst zum Ziehen zu verleiten. So-

Übertriebene Leinenführigkeit

Einige Hundeführer lassen ihre Vierbeiner an der Leine nur streng Bei-Fuß gehen; dies ist als Dauerzustand sicherlich übertrieben. Der Hund hat durch das ständige Bei-Fuß-Gehen keine Möglichkeit mehr, unterwegs stehen zu bleiben und zu schnüffeln. Da das Lesen und Setzen von Duftmarken für den Vierbeiner zu einem intakten Sozialverhalten und der internen Kommunikation mit Artgenossen gehört, macht ihm solch ein strenger Spaziergang schlicht und einfach keinen Spaß.
Ab und zu ein kleiner Zug nach vorne ist erlaubt und noch nicht als mangelnde Leinenführigkeit anzusehen. Gönnen Sie Ihrem haarigen Kameraden möglichst oft leinenfreie Phasen, in denen er sich nach Herzenslust so richtig austoben darf.
Neben dem Bei-Fuß-Gehen sollten Sie Ihrem Hund einen Bewegungsradius von etwa zwei Metern auch an der Leine zugestehen. Dies ist nicht als mangelnde Leinenführigkeit anzusehen. Gönnen Sie Ihrem vierbeinigem Kamerad möglichst oft leinenfreie Phasen, in denen er sich nach Herzenslust so richtig austoben darf.

bald sich die Hundeleine spannt, rufen Sie Ihren Hund zu sich und klopfen Sie sich dabei gleichzeitig aufmunternd ans Bein. Machen Sie Ihren Hund auf Sie aufmerksam, indem Sie ein Leckerli oder das Lieblingsspielzeug Ihres Vierbeiners in der Hand halten. Reden Sie immer wieder mit Ihrem Spitz und motivieren Sie ihn mit Spaß, an lockerer Leine bei Ihnen zu bleiben. Loben Sie ausgiebig, wenn Ihr kleiner Schüler zu Ihnen kommt und auch bei Ihnen bleibt. Die täglichen Spaziergänge werden für Sie beide interessanter, wenn Sie öfter neue Wege gehen.

Erfolgreiche Verzögerungstaktik

Eine weitere Möglichkeit eine gute Leinenführigkeit zu erreichen, ist, stehen zu bleiben, sobald sich die Leine spannt. Reden Sie nicht mit Ihrem Hund und ziehen Sie auch selbst nicht an der Leine, sondern warten Sie einfach ab. Stoppt der Spaziergang, wird sich Ihr haariger Begleiter schnell umdrehen, um zu sehen, warum es eine Verzögerung gibt. In diesem Moment lockert sich die Leine. Setzen Sie Ihren Gang in die genau entgegengesetzte Richtung fort. Diese Übung verlangt viel Ruhe und Geduld. Zunächst sind etliche Wiederholungen nötig, doch bald hat Ihr Spitz verstanden, dass auf ein Ziehen an der Leine ein sofortiger Stillstand und anschließender Richtungswechsel erfolgt, kein Leinenzug jedoch Spaß bringt.

Um übermäßiges Ziehen an der Leine einzudämmen, ist ein Leinenruck oder -zug Ihrerseits nicht empfehlenswert: Dies kann die empfindliche Halswirbelsäule und den Kehlkopf massiv verletzen. Außerdem zeigen Sie dem Hund genau *das* Verhalten, welches Sie ihm eigentlich abgewöhnen wollen. Ziehen Sie auch dann nicht an der Leine, wenn Ihr Vierbeiner längere Zeit schnüffelt und nicht weitergehen will. Motivieren Sie ihn lieber mit aufmunternden Worten, einer Spielaufforde-

Ziehen Sie Ihren Hund nie an der Leine. Auch nicht, wenn er gerade am Boden schnüffelt, denn das gehört für ihn zur Kommunikation mit Artgenossen.

Vorsicht mit Flexileinen

Verwenden Sie aufrollbare Flexileinen erst, wenn Ihr Hund zuverlässig leinenführig ist, ansonsten könnte ihn die vermeintlich gegebene Freiheit durch die Länge dieser Leine zu einem stetigen Ziehen verleiten. Auch sollten Sie ihm dann ein Geschirr anlegen, da es doch mal zu einem kleinen Sprint an der langen Leine kommen kann, der mit einem Ruck endet. Dieser wäre schädlich für die Halswirbelsäule des Halsband tragenden Hundes.

Lassen Sie Ihren Spitz möglichst oft frei laufen, damit er sich auch mal so richtig auspowern kann.

rung oder einem besonderen Leckerbissen, Ihnen zu folgen. Das Weitergehen können Sie sogar üben, indem Sie immer das gleiche Kommando wie beispielsweise „Weiter“ sowie eine auffordernde Handbewegung verwenden. Am schnellsten lernt Ihr Hund diese Übung unangeleint auf einer Wiese. Weil sich Hunde sehr an Ihrer Körpersprache orientieren, ist es wichtig, dass Sie nach der gesprochenen Aufforderung „Weiter“ auch wirklich weitergehen und nicht stehen bleiben. Folgt Ihnen Ihr

Um ein dauerhaftes Ziehen zu vermeiden, sollten Sie eine Flexileine erst verwenden, wenn Ihr Hund zuverlässig leinenführig ist.

Spitz, loben Sie ihn sofort wieder kräftig und geben Sie ihm ein Leckerli oder spielen Sie zur Belohnung mit ihm.

Alleinbleiben

Da man einen Hund nicht immer und überall hin mitnehmen kann, muss der Vierbeiner auch das gesittete Alleinbleiben von klein auf lernen. Lassen Sie Ihren Hund zunächst nur kurz allein und zwar erst, wenn er sich in Ihrer Umgebung ganz sicher und geborgen fühlt. Verlassen Sie das Zimmer, wenn er schläft oder mit einem Kauröllchen beschäftigt ist. Liegt Ihr Welpe bei Ihrer Rückkehr noch brav auf seinem Platz, loben Sie ihn. Vergrößern Sie langsam die Zeitspanne und gehen Sie schließlich ganz aus dem Haus. Machen Sie kein Drama aus Ihrem Weggang und verabschieden Sie sich nicht. Je mehr Aufhebens Sie um Ihren Aufbruch und Ihre Rückkehr machen, umso eher erziehen Sie Ihren Vierbeiner zu späterer Trennungsangst. Trotz aller Übung gibt es immer wieder „Härtefälle", die sich sehr schwer mit dem gesitteten Alleinbleiben tun. Solchen Hunden können Sie die Zeit des Wartens mit einem kleinen Animationsprogramm versüßen.

Machen Sie jedes Mal ein Drama aus Ihrem Weggang, erziehen Sie Ihren Hund regelrecht zur Trennungsangst.

Langeweile muss nicht sein

Damit Ihr Hund Ihre Gardinen, Möbel oder andere Einrichtungsgegenstände verschont, geben Sie ihm Pappschachteln oder leere Allzweckrollen, um seinen Frust abzureagieren.

Ebenfalls hilfreich gegen Langeweile ist ein mit Leckerli oder Rinderhack gefüllter Kong aus dem Zoofachhandel.

Auch kleinere, stabile Kartons mit Deckel garantieren eine abwechslungsreiche Beschäftigung. Verstecken Sie darin in Zeitung gewickelte Leckerlis. Während Supernasen die Knabbereien sofort erschnuppern und eifrig „auspacken", können Sie für weniger Geübte einige „Duftlöcher" in den Deckel stechen.

Versteckt Ihr Hund gerne Leckereien, hat es sich bewährt, ihm Plätze in der Wohnung dafür einzurichten, an denen er nach Herzenslust „graben" darf. Hierfür verteilen Sie beispielsweise ausgediente Handtücher oder Decken an verschiedenen Stellen eines Raumes. Dies schützt Sie auch davor, einen feucht-klebrigen Kauknochen oder Ähnliches abends in Ihrem Bett zu finden.

Kurzweiliger wird das Warten ebenfalls mit einem Futterball aus dem Zoofachhandel, der nur ab und zu, bei bestimmten Bewegungen, über verschieden große Öffnungen Leckerlis frei gibt. Hier muss der Hund Geduld und Geschicklichkeit beweisen, wodurch er von anderem Schabernack abgelenkt wird.

Läuft während Ihrer Abwesenheit das Radio, fühlt sich Ihr Spitz nicht so einsam.

Ausgepowerte Hunde bleiben besser allein, ein Spaziergang vorab ist also ratsam.

Gemeinsam ist Hund nicht einsam, die Gesellschaft anderer Vierbeiner kann also helfen, Ihrem Spitz das Warten erträglicher zu machen.

Da geteiltes Leid bekanntlich halbes Leid ist, kann auch die Anschaffung eines Zweithundes oder die vorübergehende Vergesellschaftung mit einem brav wartenden, befreundeten „Leihhund" aus der Nachbarschaft helfen. Letzteres hat schon so manchen Quälgeist zur Vernunft gebracht, sodass er inzwischen sogar alleine und, ohne außerplanmäßige Dummheiten zu machen, auf Herrchens Heimkehr wartet.

Hat Ihr Vierbeiner während Ihrer Abwesenheit etwas angestellt, schimpfen Sie ihn nicht. Dafür müssten Sie ihn wirklich auf frischer Tat ertappen, ansonsten verbindet er die Bestrafung nur mit Ihrer Rückkehr, nicht aber mit seinem Vergehen. Ignorieren Sie den Hund lieber, bis alle Spuren beseitigt sind.

Weitere Tipps

Das Alleinbleiben fällt Hunden leichter, die müde sind. Gehen Sie daher vorher mit Ihrem Vierbeiner spazieren oder spielen Sie mit ihm. Auch satte Hunde sind schläfrig. Es empfiehlt sich also außerdem, ihn vor Ihrem Weggang zu füttern. Lassen Sie ihn anschließend aber noch einmal nach draußen, damit er sich lösen kann. Viele Hunde tröstet schon ein vertrautes Kleidungsstück wie eine ausrangierte Socke oder eine alte Jacke von Ihnen im Körbchen.

Abgewöhnen von Jugendsünden

Etwa ab dem achten Lebensmonat beginnt die Flegelphase eines Junghundes. In diese Zeit fällt auch die Geschlechtsreife des Vierbeiners. Nun testet Ihr Spitz vermehrt aus, wie weit er gehen kann und ob er Ihnen wirklich gehorchen muss oder nicht. Außerdem stellt der Jungspund allerhand Unfug an. Manche Hunde sind hierbei sehr erfinderisch. Kein Wunder, schließlich suchen sie mit ihrem aufmüpfigen Verhalten ihre genaue Rangposition innerhalb des Familienrudels. Spätestens jetzt ist ein konsequentes Grenzen setzen enorm wichtig, ansonsten wächst Ihnen Ihr Spitz schnell über den Kopf. Achten Sie unbedingt auf feste sowie klare Regeln und einen strukturierten Tagesablauf. Nur so merkt Ihr Vier-

Wehe, wenn er losgelassen: In der Flegelphase hat ein Junghund jede Menge Flausen im Kopf.

beiner, wer in der Familie das Sagen hat; er orientiert sich daran und passt sich an.

Anspringen

Hunde begrüßen und beschwichtigen ranghöhere Artgenossen, indem sie deren Mundwinkel lecken, ein Verhalten, das im Futterbetteln von Wolfswelpen bei ihrer Mutter begründet liegt. Genauso möchten sich die Vierbeiner bei uns Menschen geben, doch „leider" ist dies den Hunden aufgrund unserer Größe nicht möglich, ohne uns dabei anzuspringen. Zwar ist dieses Verhalten durchaus gut gemeint und gilt als Geste der Unterordnung, trotzdem aber ist es zu Recht, nicht besonders beliebt. Immerhin bringt ein kräftiger Hund eine gewisse Masse mit, die einen nicht ganz standfesten Menschen im wahrsten Sinne des Wortes umhauen kann. Außerdem sind gerade bei Schmuddelwetter hündische Drecktapser auf einer hellen Hose nicht unbedingt wünschenswert. Gewöhnen Sie daher schon dem Welpen ab, Menschen anzuspringen, indem Sie auch Besucher bitten, den Hund anfangs komplett zu ignorieren. Nimmt der Welpe den Besuch somit als eher uninteressant wahr und trollt sich in seinen Korb, ist der Zeitpunkt gekommen, den kleinen Kerl zu rufen und ruhig zu streicheln. Wenden Sie sich Ihrem Hund allerdings erst zu, wenn er sich etwas beruhigt hat. Erfolg versprechend ist auch, eine Ersatzhandlung vom Hund zu fordern. Kommt Ihr Vierbeiner also auf Sie zugerannt und möchte an Ihnen hochspringen, geben Sie ihm sofort beispielsweise das Kommando „Sitz". Begrüßen Sie Ihren Spitz erst, wenn er diese Übung ausgeführt hat und in dieser Position bleibt. Loben Sie ihn dafür ausgiebig und heben Sie das „Sitz" mit einem Gegenkommando (z. B. „Lauf") wieder auf.

Kommentieren Sie ein eventuelles Springen mit einem energischen „Ab" und loben Sie Ihren Spitz ausgiebig, wenn er unten bleibt.

Auch aus dem „Männchen-machen" kann ein unerwünschtes Anspringen entstehen.

Knabber- und Beißspiele

Absolut unerwünscht ist das Beknabbern und Zerbeißen von Schuhen oder Ähnlichem. Der bellende Teenager zwickt auch gerne in Hände, Füße und (Hosen-)Beine. Zwar ist das Knabbern nicht generell schlecht, immerhin nimmt der Junghund damit seine Umgebung ganz genau unter die Lupe; neue Dinge lernt er also auf diese Weise erst einmal kennen. Trotzdem müssen Sie dieses Verhalten zuhause in die richtigen Bahnen lenken. Am besten bekommt Ihr Spitz gar keine Gelegenheit, an Ihre Schuhe oder Socken zu gelangen. Hat er doch einmal etwas Unerlaubtes zwischen den Zähnen, nehmen Sie es ihm mit einem energischen „Nein" weg. Nach einer kurzen Pause lenken Sie ihn mit einem kleinen Spiel ab, und geben ihm anschließend ein er-

Unter Junghunden ist das Zwicken noch sehr verbreitet.

laubtes Kauspielzeug. In dieser Phase ist es besonders wichtig, dem Vierbeiner genügend „legale" Knabberspielsachen aus Hartgummi, Hartholz oder Büffelhaut zur Verfügung zu stellen, denn häufig kaut der Welpe schon aus Langeweile. Ebenfalls unerlässlich ist natürlich eine angemessene Auslastung durch Spaziergänge und Spiele.

Vergreift sich Ihr Spitz im Spiel zu fest an Ihrer Hand, reagieren Sie erneut mit einem „Nein" und fassen ihm mit der anderen Hand über seine Schnauze. Beenden Sie das Spiel sofort. Bald stellt der Kleine sein Zwicken ein, denn der stets folgende Spielentzug macht das Beißen unattraktiv.

Füttern Sie Ihren Hund nie vom Tisch, sondern schicken Sie ihn während Ihrer Mahlzeit auf seinen Platz, ansonsten erziehen Sie ihn zum Betteln.

Betteln

Füttern Sie Ihren Hund am Tisch, fordert Ihr Spitz mit der Zeit seinen Obolus schon durch vehementes Betteln ein. Selbst wenn Sie dieses Verhalten nicht stört, fallen Ihr Junghund und damit auch Ihre Erziehung bei Besuchern oder in einer eventuellen Pflegestelle doch sehr negativ auf. Damit es erst gar nicht so weit kommt, richten Sie Ihrem Vierbeiner von Anfang an einen eigenen, festen Futterplatz ein; nur hier wird er gefüttert. Während Ihrer Mahlzeit muss Ihr Vierbeiner auf seinem Platz liegen. Möchten Sie ihm dennoch ein kleines Stückchen Wurst oder Käse von Ihrer Brotzeit aufheben, geben Sie es dem Hund trotzdem erst in seine Futterschüssel, wenn Sie mit Essen fertig sind.

Futterklau

Viele Hunde klauen bei jeder Gelegenheit wie die Raben alles Essbare vom Tisch. Selbst Zwergspitze können hier trotz ihrer geringen Größe unglaublich erfinderisch sein, um an Nahrhaftes zu gelangen. Dies ist dem Vierbeiner nur schwer abzugewöhnen, denn es handelt sich dabei um ein selbstbelohnendes Verhalten: Der Hund wird mit dem geklauten Futter umgehend für seine Tat belohnt. Diese Verstärkung bringt Ihren Hund also dazu, die unerlaubte Handlung immer wieder durchzuführen. Am besten lassen Sie nichts Essbares in Reichweite Ihres Spitzes liegen.

Schimpfen Sie Ihren Hund nur, wenn Sie ihn auf frischer Tat ertappen, ansonsten hat er seinen Diebstahl vergessen und bringt die Strafe mit Ihrer Rückkehr in Verbindung. Einen Futterklau können Sie auch provozieren und gleich mit einem schlechten Erlebnis für den Vierbeiner kombinieren: Träufeln Sie beispielsweise etwas Zitronensaft über Ihr verlockendes

Selbst die kleinen Spitzvarietäten können enorm erfinderisch sein, um Fressbares vom Tisch zu klauen.

Essen und lassen Sie Ihren Vierbeiner damit alleine. Möchte er nun den vermeintlichen Leckerbissen klauen, wird er sein saures Wunder erleben und Ihr Essen in Zukunft meiden.

Spitze lieben generell erhöhte Aussichtsplätze, auch in Ihrer Wohnung!

Springen auf Möbel

Hunde springen gerne auf das Bett, die Couch oder einen Sessel, denn sie lieben erhöhte Sitz- und Liegeplätze. Neben dem gemütlichen Liegekomfort spielt hier auch die tolle Rundumsicht, mit der Ihr Hund stets alles im Blick hat, eine Rolle. Da viele Spitze als einstige Hofwächter immer noch einen erhöhten Aussichtsplatz anstreben, weisen ***Sie*** Ihrem Vierbeiner hierfür einen speziellen Platz zu. Im Prinzip spricht nichts dagegen, Ihrem Spitz auch das Liegen auf der Couch zu erlauben, wenn er auf Kommando hinauf- und besonders wieder hinabspringt. Tut er das nicht, oder nur unter Protest, lassen Sie ihn gar nicht mehr hinauf. Eine Bestrafung nützt dann allerdings nur, wenn Sie den Täter prompt überführen. Machen Sie Ihrem Vierbeiner bevorzugte Liegeflächen wie Bett oder Couch während Ihrer Abwesenheit so ungemütlich wie möglich: Legen Sie eine dünne Decke aus, unter der Sie lärmende Gegenstände wie Topfdeckel oder mit Kieselsteinen gefüllte Blechdosen verstecken. Springt Ihr Hund nun auf das so präparierte Sofa, erschrickt er durch die laut scheppernden Dinge. Auch der Liegekomfort ist dadurch stark beeinträchtigt, Ihre Couch verliert somit schnell ihren Reiz.

Übermäßiges Bellen

Dauerkläffen kann verschiedene Ursachen haben. Viele Hunde bellen, um mehr Aufmerksamkeit zu bekommen. Ihre wütende Reaktion reicht ihnen meist schon als Bestätigung und Motivation weiterzumachen. Andere Vierbeiner bellen aus Unsicherheit oder Angst: Etliche sensible Vertreter werden gerade während Ihrer Abwesenheit aus Verlassensangst laut (siehe Seite 56 „Alleinbleiben"). Manchen Kläffern wurde das Bellen auch unbewusst anerzogen: Vor allem bei Junghunden wird das Anschlagen häufig in bestimmten Situationen durch eine Belohnung gefördert. Oft steigern sich Hunde immer weiter in ihr Kläf-

Ein unausgelasteter Spitz kann aus Langeweile zum Dauerkläffer werden.

fen hinein, gerade Spitze sind zudem äußerst wachsam und von Natur aus meldefreudig. Um übermäßiges Bellen abzustellen, ist in erster Linie eine intensive, auslastende Beschäftigung wichtig. Fordern Sie Ihren Spitz mit einer alternativen Aufgabe. Loben und Belohnen Sie Ihren Hund in Bellpausen ausgiebig. Lassen Sie Ihren redseligen Vierbeiner während seiner „Arie" ins „Platz" gehen: Im Liegen fühlen sich Hunde unsicherer und möchten nicht noch zusätzlich auf sich aufmerksam machen. Auch ein großer Kauknochen kann hilfreich sein. Bellt Ihr Spitz im Garten oder auf dem Balkon, wirkt eine Wasserpistole mit größerer Reichweite Wunder: Der Hund wird überraschend getroffen und verbindet die Strafe nicht mit Ihrer Hand.

Aufgepasst!

Trainieren Sie mit Ihrem Hund nur, wenn Sie seine volle ***Aufmerksamkeit*** *haben. Machen Sie sich für Ihren Vierbeiner zunächst also mit einem Leckerli oder seinem Lieblingsspielzeug interessant. Beginnen Sie die Übung erst, wenn Ihr Vierbeiner genau auf Sie achtet.*

Grundkommandos

„Sitz"

Reagiert Ihr Spitz zuverlässig auf seinen Namen, beginnen Sie mit der „Sitz"-Übung. Nehmen Sie hierfür ein Leckerli in die Hand, zeigen Sie es Ihrem Hund, damit er aufmerksam wird, aber geben Sie es ihm noch nicht. Führen Sie nun den Futterbrocken langsam an der Nasenspitze des Vierbeiners vorbei nach oben und dann nach hinten, in Richtung Hundestirn. Weil Ihr haariger Schüler dem verlockenden Leckerbissen folgen möchte, muss er sich am Ende Ihrer Handbewegung zwangsläufig hinsetzen. Belohnen Sie ihn jetzt sofort mit der Leckerei, sagen Sie dabei das Kommando „Sitz". Wiederholen Sie diese Übung mehrmals täglich. Auch bei dieser Übung sind Geduld und Selbstbeherrschung gefordert, außerdem ist das richtige Timing der Belohnung sehr wichtig. Sprechen Sie so lange nicht mit Ihrem Schüler, bis er sich setzt. Erst im Moment des Hinsetzens sagen Sie mehrmals hintereinander „Sitz" und belohnen den Welpen mit Futter. Klappt die Lektion schließlich auf

Sobald Ihr Spitz zuverlässig auf seinen Namen reagiert, ist auch das „Sitz" nicht mehr weit.

Das Kommando „Platz“ ist nicht ganz so leicht zu erlernen, weil dies vom Hund als Unterordnung empfunden wird.

Lern-Tipps

Trainieren Sie kein neues Kommando ehe das vorher angefangene nicht sicher klappt! Üben Sie nie mit Ihrem Hund, wenn Sie gestresst und schlecht gelaunt sind oder keine Zeit haben. Ihre negative Stimmung überträgt sich sofort auf Ihren vierbeinigen Schüler; er ist dadurch verunsichert und bekommt unter Umständen eine Lernblockade. An erster Stelle des Trainings muss immer Spaß und gute Laune stehen.

Kommando, verwenden Sie zusätzlich zur Sprache ein Sichtzeichen (z. B. erhobener Zeigefinger). Später genügt das visuelle Signal, damit Ihr Spitz absitzt. Das Erlernen von Sichtzeichen kann Ihnen und Ihrem Hund vor allem auf die Entfernung hin sehr nützlich sein. In der Regel lernen Hunde das „Sitz“ sehr schnell.

„Platz“

Das Einüben des „Platz“-Befehls ist häufig schwieriger als das Erlernen des Kommandos „Sitz“, weil das Hinlegen auf Befehl vom Hund als Unterordnung empfunden wird. Nicht jeder Vierbeiner möchte sich so einfach ergeben, daher kann es hierbei vor allem mit sehr selbstbewussten Hunden Probleme geben.

Lassen Sie Ihren Spitz zunächst vor Ihnen absitzen und anschließend an Ihrer Hand schnuppern, in der ein Leckerli versteckt ist. Gehen Sie dann mit Ihrer verlockend duftenden Hand von der Hundenase abwärts zwischen den Vorderbeinen des Hundes bis auf den Boden; dort angekommen ziehen Sie das Leckerli langsam zu sich her. Da Ihr haariger Schüler dem Futterbrocken mit der Nase folgen möchte, wird er sich aus Bequemlichkeit am Ende von selbst hinlegen, um besser an Ihre Hand zu gelangen. Sagen Sie genau in diesem Moment „Platz“, loben Sie den Hund ausgiebig und belohnen Sie ihn mit dem Leckerli. Diese Übung funktioniert auch, wenn Sie sich auf den Boden knien, ein Bein nach vorne ausstrecken und den Hund mit einem Leckerli unter Ihrem gestreckten Bein hindurch locken. Klappt das „Platz“, führen Sie ein zusätzliches Sichtzeichen ein. Winkeln Sie dafür beispielsweise Ihren Unterarm im 90°-Winkel an und strecken Sie ihn langsam nach unten aus; Ihre Handfläche bleibt dabei ebenfalls ausgestreckt.

„Bleib“

Das Kommando „Bleib“ wird in der Hundeerziehung meist unterschätzt. In vielen Situationen kann es von großer Bedeutung sein, den Vierbeiner in einer bestimmten Position verharren zu lassen, beispielsweise vor dem Bäcker, im offenen Kofferraum, an einer Straße oder um den Hund von der Verfolgung von Wild oder einer Katze abzuhalten. Am einfachsten lernt Ihr Spitz den Befehl „Bleib“ über die Grundkommandos „Sitz“ und „Platz“. Lassen Sie Ihren Vierbeiner zunächst vor Ihnen absitzen oder abliegen. Kombinieren Sie dabei

Ein entsprechendes Sichtzeichen signalisiert Ihrem Spitz, in der jeweiligen Position zu verharren.

das „Sitz“ oder „Platz“ ab jetzt mit dem Wort „Bleib“. Verwenden Sie zusätzlich von Anfang an folgendes Sichtzeichen: Ihre Handfläche zeigt am ausgestreckten Arm zu Ihrem Hund. Dies symbolisiert Ihrem Spitz ein Stopp bzw. ein Verharren in der momentanen Position. Erstrecken Sie das „Bleib“ anfangs nur über eine sehr kurze Zeitspanne und steigern Sie diese erst allmählich. Sparen Sie wie immer nicht mit Lob. Schimpfen Sie andererseits

Das „Bleib“ lässt sich gut nutzen, um gelungene Fotoaufnahmen zu bekommen.

„Bleib“-Training für Regentage

Den „Bleib“-Befehl können Sie an Regentagen auch gut in der Wohnung üben. Entfernen Sie sich zunächst nur innerhalb des Zimmers vom Hund. Solange Sie noch in Sichtweite sind, verwenden Sie unbedingt zum gesprochenen Kommando das Sichtzeichen, ein Signal, das Ihnen in freier Natur auf große Entfernung hin wertvolle Dienste leistet. Später verlassen Sie den Raum ganz, wobei Ihr Vierbeiner seine Position solange nicht verändern darf bis Sie es ihm erlauben. Erfinden Sie aus dieser Übung heraus Indoor-Spiele wie beispielsweise „Verstecken“ (Mensch, Gegenstände, Futter etc.). Sparen Sie selbstverständlich auch bei Spielen nie mit Lob. Stecken Sie Ihren eifrigen Vierbeiner mit guter Laune an, nur so macht Lernen Spaß!

nicht, wenn Ihr wedelnder Schüler zunächst nicht in der gewünschten Stellung bleibt. Hier helfen nur Geduld und ein wortloses erneutes In-Position-Bringen unter Verwendung der entsprechenden Befehle (z. B. „Sitz und Bleib“) und des Sichtzeichens. Vergrößern Sie neben dem Zeitfaktor allmählich auch die Entfernung zum Hund. Erhöhen Sie den Schwierigkeitsgrad nach und nach, indem Sie die Übungsorte wechseln und außerdem Ablenkungen für Ihren Spitz schaffen, auf die er natürlich nicht reagieren darf (z. B. durch Geräusche, Gegenstände, andere Menschen, andere Hunde). Selbst wenn Sie außer Sichtweite sind, sollte Ihr vierbeiniger Gefährte schließlich in der gewünschten Position verharren. Erschweren Sie die Übung immer erst dann, wenn der vorausgegangene Schritt wirklich sitzt und heben Sie das Kommando immer erst durch ein Gegenkommando wie „Lauf“ wieder auf. Beherrscht Ihr haariger Kamerad das Kommando „Bleib“

perfekt, können Sie es ab jetzt in Ihren Alltag integrieren und Ihren vierbeinigen Musterschüler beispielsweise in Erwartung eines leckeren Mitbringsels vor einem Supermarkt warten lassen oder als ruhig verharrendes Fotomodell „einspannen".

„Hier"

Trainieren Sie das Herkommen zunächst in einem abgeschlossenen Terrain, in dem sich für den Hund möglichst wenige Ablenkungen bieten. Stellen Sie sich in kurzer Distanz vor den Hund hin und gehen Sie in die Hocke. Ist Ihr Spitz voll auf Sie konzentriert, rufen Sie ihn beim Namen. Läuft er in Ihre Richtung, geben Sie sofort das Kommando „Hier" (aber immer nur einmal). Locken Sie Ihren Hund zusätzlich mit einem Leckerli oder seinem Lieblingsspielzeug. Kommt der Vierbeiner auf Sie zu, loben und belohnen Sie ihn ausgiebig. Vergrößern Sie die Distanz nach und nach. Gehen Sie jedoch wie immer erst zur nächsten Trainingseinheit über, wenn die Vorherige sicher sitzt. Loben Sie den Vierbeiner wieder überschwänglich, wenn er bei Ihnen ankommt.
Klappt das „Hier" zuverlässig in abgeschlossenem Terrain, beginnen Sie mit ersten Übungen im freien Feld. Dabei erweist sich eine leichte, 10 m lange Schleppleine als hilfreich. Lassen Sie die Leine neben dem Hund schleifen. Reagiert er nicht auf das Kommando „Hier", ziehen Sie ganz sanft und kommentarlos an der Leine bis Ihr Spitz von selbst in Ihre Richtung läuft; dann loben Sie ihn sofort wieder. Schnell lernt Ihr haariger Gefährte, Ihren verlängerten Arm zu respektieren und zuverlässig auf Befehl zu kommen, auch wenn Ablenkungen in der Nähe sind.
Die tägliche Fütterung eignet sich ebenfalls als Lockmittel. Wartet der Hund beispielsweise hungrig auf sein Futter, bringen Sie ihn in ein anderes Zimmer und lassen ihn dort von einer Hilfsperson festhalten. Gehen Sie dann zurück zum Napf und rufen „Hier" oder benutzen Sie die Hundepfeife. Der Vierbeiner wird losgelassen und rennt sofort zu Ihnen beziehungsweise seinem heiß ersehnten Fressen. Mit dieser Methode verknüpft Ihr Spitz den gerufenen „Hier"-Befehl, der dem Pfiff auf der Hundepfeife entspricht, immer mit etwas Angenehmem.
Kommt Ihr Hund mehr oder weniger zufällig zu Ihnen, sagen Sie erneut sofort das Kommando „Hier" und loben und belohnen Sie ihn überschwänglich. Auch dieses Zufallsprinzip ist Erfolg versprechend.

Wichtiges Auflösungskommando

Vergessen Sie nicht, Befehle wie „Sitz", „Platz", „Bleib" oder „Hier" durch ein entsprechendes Gegenkommando wie beispielsweise „Lauf" wieder aufzuheben.
Achtung: *Besonders zu Beginn der Ausbildung ist es sehr wichtig, ein Kommando schnell wieder aufzulösen. In jedem Fall bevor der Hund von sich aus aufsteht und die Übung nach seinem Ermessen beendet!*

Vergessen Sie nicht, nach der Ausführung eines Befehls ein entsprechendes Auflösungskommando zu geben.

Unterstreichen Sie selbst einen Zufallstreffer sofort mit dem Kommando „Hier" und viel Lob.

Die tägliche Fütterung kann für das Erlernen des „Hier" hilfreich sein.

Ein gelegentliches Verstecken kann ebenfalls für das Herkommen hilfreich sein, immerhin möchte Ihr Vierbeiner Sie als seine Bezugsperson nicht verlieren. Die Bindung zu Ihnen wird dadurch vertieft. Loben und belohnen Sie Ihren Spitz auch in diesem Fall ausgiebig, wenn er zu Ihnen kommt.

Machen Sie sich interessant

Macht Ihr Hund keine Anstalten, auf Befehl zu Ihnen zurückzukommen, sind Sie sicherlich zu uninteressant für ihn. Versuchen Sie die Aufmerksamkeit Ihres Vierbeiners mit einer spannenden Stimme, dem Zeigen eines Leckerlis, einer lustigen Spielaufforderung oder einem Sprint in die entgegengesetzte Richtung zu erreichen. Erst dann wird er auf Ihr Kommando reagieren.
Kommt Ihr Hund erst nach längerem Warten zu Ihnen zurück, schimpfen Sie ihn auf keinen Fall, denn dann verbindet er die Schelte gerade mit seiner Rückkehr. Er hat längst vergessen, dass er nicht auf den „Hier"-Befehl gehört hat.

Lob und Strafe

Lob ist in der Hundeerziehung der Schlüssel zum Erfolg. Belohnen Sie jeden Schritt in die richtige Richtung eines erwünschten Verhaltens sofort, auch wenn Ihr Hund zufällig handelt. Nur so motivieren Sie Ihren Vierbeiner, aus Spaß an der Freude mit Ihnen weiterzuarbeiten. Richten Sie die Art der Belohnung individuell nach den Vorlieben Ihres Spitzes: Manche Hunde freuen sich schon sehr über ein gesprochenes Lob und Streicheleinheiten, andere bevorzugen Leckerlis; einige Vertreter sind glücklich, wenn sie ihr Lieblingsspielzeug bekommen, wieder andere empfinden ein lustiges Spiel als tolle Belohnung.
Setzen Sie Strafen dagegen nicht in Form von körperlicher Gewalt ein: Eine körperliche Züchtigung kann, abgesehen von einem raschen Vertrauensbruch, sogar als positive Verstärkung wirken, schließlich bekommt der Vierbeiner damit Aufmerksamkeit bzw. Zuwendung, auch wenn diese negativer Art ist. Sie bestärkt ihn wiederum in seinem Fehlverhalten und veranlasst ihn dazu, weiterzumachen.
Deutlich wirkungsvoller als Gewalt ist der Entzug von Zuwendung, wenn es die Situation

zulässt. Ignorieren Sie unerwünschtes Verhalten also einfach. Bellt Ihr Hund beispielsweise übermäßig, beachten Sie es nicht; belohnen Sie andererseits aber jede Bellpause. So lernt Ihr vierbeiniger Freund, dass sich Nicht-Bellen mehr auszahlt als Kläffen. Wirkungsvoll ist außerdem, Ihren Vierbeiner mit einem energischen „Nein" und „Geh Körbchen" auf seinen Platz zu schicken und ihn dort zu ignorieren. Das Umfassen der Hundeschnauze mit der flachen Hand von oben (Schnauzgriff) ist hilfreich, um die Randordnung klarzustellen. Damit wird das Zurechtweisen eines ranghöheren Rudelmitglieds über den Nasenrücken des Untergebenen nachgeahmt. Bestimmte Angewohnheiten können Sie Ihrem Hund auch abgewöhnen, indem Sie ihm seine Macken einfach verleiden oder seine Aufmerksamkeit auf etwas Erlaubtes umlenken (siehe Seite 58 „Abgewöhnen von Jugendsünden").

Fazit Sparen Sie in der Hundeerziehung also nicht mit Lob und Belohnung; Strafen Sie dagegen nur wohldosiert und gut überlegt, denn das Vertrauen eines Vierbeiners ist durch unüberlegtes Handeln schneller zerstört, als es sich später wieder aufbauen lässt.

Ignorieren ist für Ihren Hund als Strafe deutlich wirkungsvoller als körperliche Gewalt.

Bitte beachten Sie Schwerwiegende Verhaltensauffälligkeiten wie Schnappen oder Beißen dürfen selbstverständlich nicht ignoriert werden. Wenden Sie sich in einem solchen Fall unbedingt an einen kompetenten Hundetrainer.

Auch ein lustiges Spiel kann als Lob und Belohnung eingesetzt werden.

Gewöhnen Sie Ihren Spitz von klein auf an diverse Pflegemaßnahmen.

Pflege

Die wichtigsten Pflegemaßnahmen

Bestimmte Pflegemaßnahmen sind bei Hunden unerlässlich. Gewöhnen Sie daher am besten schon Ihren Welpen an die wichtigsten Handgriffe. Gehen Sie grundsätzlich bei allen Pflegemaßnahmen sanft und behutsam vor. Macht das Hundekind hier schlechte Erfahrungen oder dauert es ihm zu lang, wird es Körperpflege zukünftig als unangenehm empfinden und ihr lieber aus dem Weg gehen wollen. Pfotenabputzen und Stillhalten beim Bürsten müssen erst einmal gelernt werden. Führen Sie Ihren Welpen auch möglichst frühzeitig an die Augen-, Ohr-, Zahn- und Krallenkontrolle heran. Bleibt Ihr Hundekind bei der Pflege ruhig und gelassen, belohnen und loben Sie es ausgiebig. Wehrt sich dagegen Ihr junger Vierbeiner oder wird er albern, bringen Sie ihn mit einem bestimmten „Nein" zur Ruhe. Hält er wieder still, loben Sie ihn und belohnen ihn zudem mit einem sofortigen Übungsende.

Fellpflege

Wölfe haben ihre ganz eigene Art der Fellpflege: Sie nehmen Sand- und Schlammbäder, die gleichzeitig wie eine Massage wirken und die Talgdrüsen der Haut anregen. Die Haare werden durch Lecken gereinigt, wobei der Speichel dabei Keime abtötet. Unsere Hunde ver-

Zu häufiges Kämmen sollte unterbleiben, weil dies die üppige Unterwolle beschädigen oder zu sehr ausdünnen kann.

halten sich ganz ähnlich, allerdings entspricht diese Art der Fellpflege nicht unserem hygienischen Verständnis, sodass wir hier gerne nachhelfen. Grundsätzlich haben Spitze ein pflegeleichteres Haarkleid als man denkt. Regelmäßiges Bürsten ist natürlich angesagt, um ein schönes Äußeres zu wahren. An das Bürsten gewöhnt sich der Spitz normalerweise schnell, denn bald merkt er, dass Fellpflege auch eine sehr angenehme Massage sein kann, die hervorragend die Durchblutung der Haut anregt. Seien Sie allerdings besonders vorsichtig bei Welpen: Ziept es sehr, könnten Sie ihm die Fellpflege leicht dauerhaft verleiden. Bürsten Sie bei einem Spitz immer gegen den Strich, also entgegen der Haarwuchsrichtung von hinten nach vorne und untersuchen Sie Ihren wedelnden Freund nebenbei gleich auf einen eventuellen Parasitenbefall oder Hautverletzungen. Vor allem die feineren Haare an den Ohren, den Läufen und der Rute verfilzen leicht; sie benötigen daher besondere Aufmerksamkeit. Da Spitze reichlich Unterwolle haben, fällt auch der Fellwechsel entsprechend üppig aus. In dieser Zeit ist natürlich vermehrtes Bürsten angesagt. Übermäßiges Bürsten mit dem Kamm sollte vermieden werden, um nicht mehr Unterwolle als nötig herauszuholen und zu beschädigen.

Unterstützen Sie den halbjährlichen Haarwechsel von innen mit einer über das Futter gestreuten Kräutermischung aus Löwenzahn, Birkenblättern, Brennnesseln und Ackerschachtelhalm. Spitzwegerich, Kerbel und Petersilie helfen aufgrund ihres hohen Vitamingehalts, das Immunsystem anzuregen. Entsprechende Fertigpräparate gibt es inzwischen im Fachhandel zu kaufen.

Weil zu häufiges Baden die Schmutz abweisende und wetterfeste Schutzschicht des Felles zerstört, sollten Sie Ihren Spitz nur im Notfall in die Wanne setzen. Anschließendes Föhnen ist zu vermeiden, denn das ungewohnte Geräusch, die Lautstärke und das warme Gebläse machen einem Hund leicht Angst. Sollte ein Trockenföhnen doch einmal nötig sein, geschieht dies wie beim Bürsten gegen den Haarstrich, damit das Fell anschließend schön tuffig und nicht zu glatt gelegt aussieht. Rubbeln Sie den Vierbeiner nach dem Abspülen eines milden Hundeshampoos lieber gut mit einem Handtuch trocken und lassen Sie ihn an kalten Tagen wegen der Erkältungsgefahr nicht sofort ins Freie, sondern stellen Sie seinen Korb in die Nähe der wärmenden Heizung. In der Regel ist das Fell des Spitzes selbstreinigend und es reicht das Ausbürsten oder Abrubbeln von Schmutz.

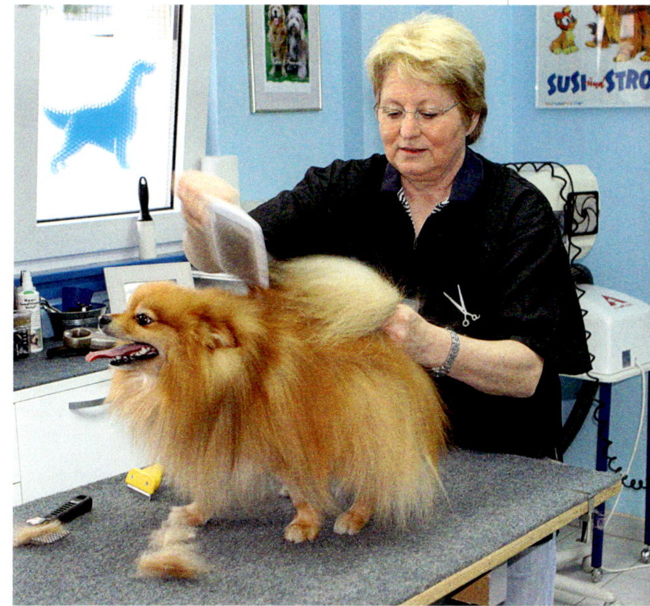

Fellpflege muss beim Spitz sein, allerdings ist diese weniger aufwendig als es scheint.

Pfoten

Nützen sich die Krallen Ihres Spitzes nicht auf natürliche Weise ab, müssen sie von Zeit zu Zeit geschnitten werden, damit sie nicht abbrechen. Führen Sie Ihren Welpen hier ganz

Zuhause angekommen, wird sein selbstreinigendes Fell wieder trocken und fast sauber sein.

Achten Sie darauf, dass keine Haare in den Gehörgang Ihres Spitzes wachsen.

langsam und in kleinen Schritten heran: Nehmen Sie zunächst immer wieder abwechselnd eine seiner Pfoten auf und halten Sie diese kurz in der Hand. Fasst der Hund Ihr Vorgehen als lustiges Spiel auf oder will er seine Pfote wegziehen, korrigieren Sie ihn mit einem energischen „Nein"; bleibt er ruhig, loben Sie ihn ausgiebig. Zum Krallenschneiden verwenden Sie eine spezielle Zange aus dem Fachhandel. Achten Sie darauf, dass Sie keine Blutgefäße verletzen. Am besten lassen Sie sich die richtige Technik erst einmal von Ihrem Tierarzt zeigen.

Ballen und Krallen dürfen bei den regelmäßigen Pflegemaßnahmen nicht vergessen werden.

Das Pfotenabputzen üben Sie ebenfalls durch das abwechselnde Aufnehmen der Pfoten. Möchte Ihr Junghund während des Abputzens in das Handtuch beißen, reagieren Sie erneut mit einem „Nein". Verhält er sich dagegen brav, winkt am Ende wieder eine Belohnung. Im Winter empfiehlt sich zusätzlich eine regelmäßige Ballenkontrolle, denn durch das viele Streusalz wird die Pfotenunterseite leicht trocken oder rissig; Abhilfe schaffen Einreibungen mit Hirschtalg, Melkfett oder Vaseline.

Augen, Ohren, Zähne

Besonderer Behutsamkeit bedarf das Heranführen an die Augenpflege. Streichen Sie Ihrem Welpen schon im Spiel oder während des Streichelns immer wieder kurz über die Augen. Sekret oder Verkrustungen in den Augenwinkeln entfernen Sie später mit einem weichen, feuchten, sauberen Tuch. Im Zoofachhandel bekommen Sie hierfür spezielle Pflegetücher.

Auch die Ohren sollten Sie ab und zu kontrollieren. Achten Sie darauf, dass sich weder Krusten oder Fremdkörper im Ohr befinden

Zahnwechsel bei Welpen

Der Zahnwechsel beginnt etwa im vierten Lebensmonat Ihres Hundes. Geben Sie Ihrem Vierbeiner in dieser Zeit genügend Kaumaterial wie Büffelhautknochen und Spielzeug aus Hartgummi oder Hartholz. Gegen eventuell auftretende Schmerzen helfen, wie bei Babys, das zuckerfreie Dentinox-Gel aus Kamillenblüten oder das homöopathische Kombi-Präparat Osanit. Fällt ein Milchzahn auch nach längerer Zeit nicht von selbst aus, obwohl schon der neue Zahn sichtbar ist, lassen Sie den alten vom Tierarzt ziehen, um Gebissfehlstellungen zu vermeiden.

noch Haare in den Gehörgang wachsen. Eventuell vorgefundene, unangenehme Parasiten müssen schnell behandelt werden. Halten Sie das Hundeohr sauber, damit es nicht zu schmerzhaften Entzündungen durch Bakterien oder Pilze kommt. Verwenden Sie für die Säuberung des Gehörgangs jedoch keine Wattestäbchen, sondern nur spezielle Flüssigreiniger vom Tierarzt.

Eine regelmäßige Zahnkontrolle führen Sie am besten von klein auf bei Ihrem Spitz durch. Während des Zahnwechsels braucht der junge Vierbeiner genügend Kaumaterial (siehe Kasten oben). Harte Leckereien zwischendurch entfernen schädliche Beläge. Zur dauerhaften Gesunderhaltung von Zähnen und Zahnfleisch empfiehlt sich regelmäßiges Zähneputzen; hierfür gibt es im Zoofachhandel oder bei Ihrem Tierarzt Hundezahnbürsten und -pasten. Aber auch zahnpflegende Kaustrips haben sich bewährt. Allerdings sind diese in Hundekreisen wohl Geschmacksache und nicht bei jedem Vierbeiner beliebt.

Kontrollieren Sie die Zähne Ihres Hundes immer wieder auf Zahnstein und Zahnfleischentzündungen hin.

Die wichtigsten Pflegeutensilien

- ✓ Je nach Haarart Ihres Hundes Bürsten- und Kämme
- ✓ Flüssiger Ohrreiniger vom Tierarzt
- ✓ Reinigungstücher für die Augen
- ✓ Hundezahnbürste und -pasta bzw. Kaustripes zur Zahnpflege
- ✓ Krallenschere
- ✓ Vaseline, Hirschtalg oder Melkfett zur Ballenpflege
- ✓ Zeckenzange

Weitere Pflege-Tipps

Auch regelmäßige Impfungen gegen Staupe, Hepatitis, Leptospirose, Parvovirose und Tollwut sowie Entwurmungen gehören zu den obligatorischen Pflegemaßnahmen bei einem Hund. Um einen Parasitenbefall zu vermeiden, ist außerdem ein sauberer Schlafplatz wichtig: Verwenden Sie nur Decken, Kissen oder Polster, die maschinenwaschbar sind. Untersuchen Sie Ihren Hund zudem von Frühjahr bis Herbst täglich auf Zecken, denn diese könnten Ihren Hund mit Borreliose infizieren. Spezielle Präparate schützen vor starkem Zeckenbefall. Lassen Sie sich bei der Wahl des richtigen Mittels von Ihrem Tierarzt beraten.

Wurmkuren sind wichtig, da sich der auf Wiesen und Feldern umherstreifende Spitz überall mit schädlichen Würmern infizieren kann.

Ein Handtuch ist für den wasserfreudigen Spitz ein unverzichtbares Utensil.

Schmuddelwetter-Tipps

Das wichtigste Utensil an Schlechtwettertagen ist sicherlich ein Handtuch. Um Ihren Spitz schon vor dem Einsteigen ins Auto gründlich abrubbeln zu können, lagern Sie dort am besten ein Tuch griffbereit. Im Fahrzeug selbst hat es sich bewährt, den Hundeplatz mit einer waschbaren Decke oder einer Gummischmutzfangmatte auszustatten: Beide Teile sind leicht separat zu reinigen, ohne dass Sie gleich das ganze Auto einer Komplettreinigung unterziehen müssen. Ebenfalls möglich ist die Unterbringung des nassen Hundes in einer mit saugfähigen Tüchern ausgelegten Transportbox, denn auch diese ist einfach zu säubern und begrenzt den Schmutzeintrag auf eine kleine Fläche.

Legen Sie ein weiteres Handtuch vor die Haustür, mit dem Sie Ihren Spitz bereits vor der Wohnung gründlich abrubbeln können. So bleibt der größte Dreck auf jeden Fall draußen. Kann Ihr haariger Kamerad jederzeit zwischen Haus und Garten frei pendeln, empfiehlt sich ein feuchtes oder gut saugendes Tuch auf dem

Sie können Ihrem Hund beibringen, sich auf Befehl zu schütteln.

Spitze sind Genießer, daher sind sie auch nie einer kleinen Wellnessbehandlung abgeneigt.

Boden des Verbindungsbereiches. Läuft Ihr Hund nun in die Wohnung, tritt er sich schon ganz automatisch die Pfoten auf seinem „Eingangsteppich" ab.

Gerade in der Schmuddelwetterzeit ist es sehr vorteilhaft, wenn Ihr Vierbeiner auf Kommando seinen Platz aufsucht und dort so lange bleibt, bis Sie den Befehl wieder aufheben. Ist Ihr haariger Begleiter also noch nicht ganz trocken, können Sie ihn sofort nach der Rückkehr vom Spaziergang in sein Körbchen schicken, ehe er überhaupt die Gelegenheit hatte, den Dreck im ganzen Haus zu verteilen. Für einen noch feuchten Vierbeiner ist ein Hundeplatz an der wärmenden Heizung angebracht. Beachten Sie außerdem unbedingt: Zugluft ist für einen nassen Hund Gift.

Mit etwas Geduld und Geschick des Hundeführers lernen besonders eifrige Vierbeiner auch, sich bereits vor dem Haus auf Befehl zu schütteln oder auf dem Fußabstreifer die Pfoten abzuputzen. Gewöhnen Sie Ihrem Hund außerdem von vornherein ab, Sie oder andere Menschen anzuspringen. Besucher mit hellen Hosen werden nicht von einer stürmischen Begrüßung Ihres nassen Spitzes begeistert sein.

Für Sie als begleitender Zweibeiner ist ein extra Schlechtwetter-Dress ratsam, das heißt: Tragen Sie lieber ältere, zweckdienliche Kleidung und nicht gerade die tollsten Neuerwerbungen. Auch eine Regenhose ist praktisch - sie schützt Ihre Hosen vor Nässe und Schmutz. Gummistiefel dürfen in keinem Hundehaushalt fehlen, so bleiben gute Halbschuhe an Schlechtwettertagen trocken.

Wellness für den Spitz

Wellness macht Spaß und zwar nicht nur uns Menschen. Mit entsprechenden Maßnahmen können Sie auch Ihrem Spitz etwas Gutes tun. Sichtlich wird er es genießen, sich einmal so richtig von Ihnen verwöhnen zu lassen.

Bachblüten und Homöopathie

Bestimmte Bachblüten und homöopathische Mittel verhelfen Ihrem Hund zu neuen Kräften. So wirken beispielsweise die Blüten Centaury, Chicory, Clematis und Crap Apple entschlackend und reinigend. Crap Apple hat außerdem eine ausgleichende Wirkung auf den Stoffwechsel und das Immunsystem. Centaury erfrischt und vitalisiert. Olive stellt das innere Gleichgewicht bei Erschöpfung wieder her, Agrimony stärkt und schützt vor Überbelastung. Die Abwehrkräfte Ihres Spitzes werden mit Echinacea-Globuli gestärkt. China und Ignatia haben sich bei Erschöpfungszuständen und Stress bewährt. Gegen Muskelkater und Überanstrengung eignen sich innerlich Arnica und Traumeel®. Bei Verspannungen kann Magnesium phosphoricum helfen.

Diverse Bachblüten und homöopathische Mittel tragen zum Wohlbefinden Ihres Vierbeiners bei.

Inzwischen gibt es schon fertige Bachblütenmischungen oder homöopathische Präparate im Zoofachhandel zu kaufen. Möchten Sie jedoch tiefer in die Materie einsteigen, lassen Sie sich von einem erfahrenen Therapeuten beraten.

Mit Massage, Akupressur und TTouch® entspannen

In keinem Verwöhnprogramm darf eine wohltuende Massage fehlen. Sie erfolgt am besten in Bauch- oder Seitenlage des Hundes. Dabei können Sie in einfachen, geraden Linien streicheln oder in Wellen. Auch ein Kreisen Ihrer Handflächen wirkt entspannend. Variieren Sie zusätzlich den Druck. Massieren Sie jedoch nicht zu kräftig, Ihr Hund soll sich schließlich wohlfühlen und keine Schmerzen haben. Bearbeiten Sie besonders belastete Partien wie die Beinmuskulatur extra sanft mit den Fingerkuppen. Lockernd wirkt leichtes Kneten und Rollen von Haut und Muskeln. Streichen Sie am Ende einer Massage immer den ganzen Körper des Hundes noch einmal sanft aus. Eine Massage sollte nicht länger als 15 bis 20 Minuten dauern; gewöhnen Sie Ihren Spitz erst langsam an diese Zeitspanne. Massieren Sie nie, wenn Ihr Vierbeiner eine Infektion oder gerade gefressen hat.

Die Akupressur ist eine Abwandlung der Akupunktur. Hier wird ohne Nadeln, nur mit der Berührung und dem Druck der Finger gearbeitet. Dies hat neben dem körperlichen Aspekt auch eine sehr positive, entspannende Wirkung auf die Psyche des Hundes.

Die TTouch®-Methode hingegen besteht aus unterschiedlichen Bewegungen und Handpositionen, die im Uhrzeigersinn auf der Haut des Hundes in verschiedenen Druckstärken ausgeführt werden. Vor allem bei seelischen Störungen sowie zur allgemeinen Beruhigung, zum Stressabbau und Wiederherstellung des Vertrauens hat sich der TTouch® bewährt. Auch zur Schmerzlinderung wird diese Methode erfolgreich eingesetzt. Etliche Hundeschulen bieten inzwischen TTouch®-Seminare an.

Aroma-, Farb- und Musiktherapie für neues Wohlbefinden

Die Aromatherapie fördert die seelische Ausgeglichenheit, aktiviert den Kreislauf und stärkt die Abwehrkräfte. Sie erfrischt und verhilft zu neuer Energie. Die ätherischen Öle

Doggy-Wellness: Rückenmassage im Garten.

werden dabei entweder in einer Duftlampe, einem Kräutersäckchen, einem speziellen Hundehalstuch oder direkt auf dem Liegeplatz Ihres Hundes angewendet, allerdings wohldosiert (2 bis 3 Tropfen) und nur, wenn es Ihrem Vierbeiner auch wirklich behagt. Eine Duftlampe sollte mindestens eine Stunde brennen. Da ein Hund sehr empfindliche Schleimhäute hat, dürfen Sie die Öle nie direkt auf ihn träufeln. Stärkend, aufbauend und reinigend für den gesamten Organismus wirken Lavendel, Orange, Zitrone, Geranium, Grapefruit und Muskatellersalbei. Mandarine und Melisse beruhigen und entspannen. Mimose baut zusätzlich seelisch auf. Zimt und Vanille wird eine ausgleichende, beruhigende und entspannende Wirkung nachgesagt. Neroli-Öl harmonisiert.

Hunde wie auch Menschen sprechen sehr gut auf farbiges Licht an. Rot hat sich besonders bei Erschöpfungszuständen und Appetitlosigkeit bewährt. Orange kommt hingegen bei Immunschwäche zum Einsatz. Gelb hilft bei schwachen Nerven und Schockzuständen. Grün wirkt ausgleichend und Blau beruhigend. Violett wird bei Nervosität, Ängstlichkeit, Hysterie und zur Verarbeitung von Traumata eingesetzt.

Auch Musik entspannt Ihren Spitz. Untersuchungen haben ergeben, dass gerade langsame Barockmusik eine sehr beruhigende Wirkung auf Vierbeiner hat. Genauso gut geeignet ist Herrchens oder Frauchens Meditations-CD. Wer musikalisch jedoch auf Nummer Sicher gehen will, kann inzwischen im Fachhandel spezielle Musik für Hunde erwerben.

Wellness vom Profi

Inzwischen bieten viele Hundephysiotherapeuten auch Wohlfühlbehandlungen für Hunde an. Dabei werden häufig verschiedene Techniken miteinander kombiniert. So erhält die Massage Ihres Vierbeiners gleichzeitig eine Untermalung mit angenehmen Düften und entspannender Musik. Beruhigendes Licht darf dabei selbstverständlich ebenfalls nicht fehlen. Neben der herkömmlichen Massage gehören häufig auch Fuß- oder Ohrreflexzonenmassagen zum Behandlungsspektrum. Einige Therapeuten verfügen sogar über eigene Hundeschwimmbäder. Manche Praxen bieten Kurse in Massage, Akupressur und TTouch® für den Eigengebrauch an. Außerdem finden Sie im Fachhandel interessante Bücher zum Thema. Wer die Kosten nicht scheut, kann sich auch zusammen mit seinem Hund in speziellen Wellness-Hotels verwöhnen lassen.

Eine sanfte, sparsam dosierte Aromatherapie kann Ihrem Spitz zu neuer Energie verhelfen.

Wie Untersuchungen zeigten, entspannen bestimmte Musikstile unsere Hunde.

Ernährung

Die Basis für ein langes Hundeleben bildet eine gesunde, ausgewogene Ernährung.

Das Wohlfühlprogramm Ihres Spitzes schließt eine ausgewogene Ernährung mit ein, die selbstverständlich auch maßgeblich an der Gesunderhaltung des Vierbeiners beteiligt ist. Füttern Sie nur hochwertiges Futter, das dem Alter, Gesundheitszustand und der Auslastung Ihres vierbeinigen Freundes angepasst ist; so benötigen arbeitende Gebrauchshunde beispielsweise energiereicheres Futter als normal beanspruchte Familienhunde. Auch Welpen brauchen eine andere Ernährung als erwachsene oder gar alte Hunde, schließlich sind sie noch in der Entwicklung. Der Fachhandel hält inzwischen für alle Altersklassen und Bedürfnisse spezielles Hundefutter parat. Mit einem qualitativ hochwertigen Fertigfutter gehen Sie also in jedem Fall auf Nummer sicher: Ihr Spitz wird optimal mit allen wichtigen Nährstoffen versorgt. Trotzdem vertragen manche Hunde das handelsübliche Futter nicht. In diesem Fall müssen Sie selbst zum Kochlöffel greifen. Dies ist nicht ganz einfach, denn die richtige Zusammensetzung einer ausgewogenen Ernährung ist fast schon eine Wissenschaft für sich.

Auch das „Barfen“ (= biologisch artgerechte Rohfütterung) ist möglich. Auch hier ist ein umfassendes Informieren vorab durch einen Tierarzt oder entsprechende Fachliteratur sehr wichtig.

Im Folgenden finden Sie jedoch einige Tipps für eine abwechslungsreiche und gesunde Hundemahlzeit.

Fleisch und Ballaststoffe in Form von Reis oder Hundeflocken bilden die Basis einer ausgewogenen Hundeernährung. Achten Sie zusätzlich auf eine ausreichende Vitamin- und Mineralstoffversorgung. Diese geschieht am besten in Form von natürlichen Zusätzen wie frischem, unbehandeltem Obst, Gemüse, Kräutern, Hüttenkäse oder Naturjoghurt. Bei Obst eignen sich Äpfel sehr gut. Sie sind reich an Vitaminen und Mineralien und wirken durch die enthaltenen

Obst und Gemüse sind gesunde Ergänzungen der täglichen Hundemahlzeit.

Pektine entgiftend. Gemüse ist nicht nur gesund, es fördert mit seinen Ballaststoffen auch die Verdauung. Außerdem beeinflusst es positiv den Säure-Base-Haushalt des Hundes. Ideal sind Möhren – sie enthalten viel Karotin, die Vorstufe von Vitamin A, außerdem Mineralstoffe und Spurenelemente. Geben Sie zusätzlich immer etwas Öl; dies hilft bei der Verwertung des fettlöslichen Vitamin A. Gekochter Broccoli ist ebenfalls sehr gesund; er wirkt krebsvorbeugend und entgiftend. Spinat, Erbsen, grüne Bohnen und Tomaten runden einen ausgewogenen Speiseplan ab.

Kräuter wie Brennnesseln, Basilikum, Petersilie, Löwenzahn und Dill sind nicht nur reich

Da Vitaminpräparate auch überdosiert werden können, halten Sie sich hier stets an die Dosierungsangaben Ihres Tierarztes.

Tipp!

Für alle Hundefutter-Hobbyköche gibt es im Buch- und Zoofachhandel eine breite Palette an Ratgebern zum Thema „Hundeernährung". Wenn Sie für Ihren Hund kochen, ist ein umfassendes Informieren unerlässlich, damit Ihr Vierbeiner durch einen ausgewogenen Speiseplan wirklich optimal mit allen wichtigen Nährstoffen versorgt wird und es nicht zu Mangelerscheinungen kommt.

an wichtigen Vitaminen, Mineralien und Spurenelementen, sie haben auch eine heilende Wirkung bei verschiedenen Krankheiten (Beispiele siehe Seite 107 „Vorsorge"). In Zeiten extremer Anforderung oder erhöhter Krankheitsanfälligkeit ist eventuell ein zusätzliches Vitaminpräparat nötig. Halten Sie sich hier allerdings genau an die vom Tierarzt oder in der Packungsbeilage angegebene Dosierung, denn selbst Vitamine können überdosiert schaden.

Schönheit kommt von innen

Der Speiseplan Ihres Hundes ist auch für ein glänzendes Fell und eine gesunde Haut verantwortlich, schließlich kommt Schönheit bekanntlich von innen. Eine große Rolle spielen dabei die Vitamine A und E sowie Zink, außerdem essentielle Fettsäuren wie Omega-3 und Omega-6. Um einem Mangel vorzubeugen, der sich in stumpfem Fell, Schuppen, Haarausfall, Juckreiz, fettiger Haut und Infektanfälligkeit äußert, geben Sie ab und zu einen Löffel Maiskeim-, Sonnenblumen-, Distel- oder Pflanzenöl über das Futter. Hochwertiges Eiweiß ist ebenfalls unverzichtbar, allerdings reagieren manche Hunde allergisch auf rohes Eiweiß. Auch Hefe und Biotin verhelfen zu einer gesunden Haut und glänzendem Fell. Ab

Ihr Spitz ist, was er frisst, denn Schönheit kommt von innen.

und zu ein rohes, frisches Eigelb ist ebenfalls gut für Haut und Haare, denn es enthält viele Spurenelemente und Vitamine. Die zerriebene Eierschale versorgt Ihren Vierbeiner dagegen mit natürlichem Calcium.

Hat Ihr Spitz ein wenig zugelegt, bauen Sie seine überschüssige Pfunde lieber mit einem ausgewogenen, aber kalorienarmen Diätfutter als mit einer Kürzung der normalen Futtermenge ab. Auch eine Streckung des herkömmlichen Futters mit Puffreis (im Zoofachgeschäft erhältlich) kann bei einer Diät hilfreich sein.

Achten Sie stets auf saubere Hundenäpfe und täglich frisches Wasser.

Warnung vor Schokolade

Schokolade enthält Theobromin, das für Hund und Katze lebensgefährlich sein kann. Ein paar Riegel dunkle Schokolade können einen kleineren Hund töten.

Selbst gebackene Hundeleckerli

Fischstäbchen

Sie brauchen dafür folgende Zutaten:

1 Dose Thunfisch (im eigenen Saft)
6 EL Haferflocken
2 Eier
2 EL Semmelbrösel
2 EL gehackte
Petersilie

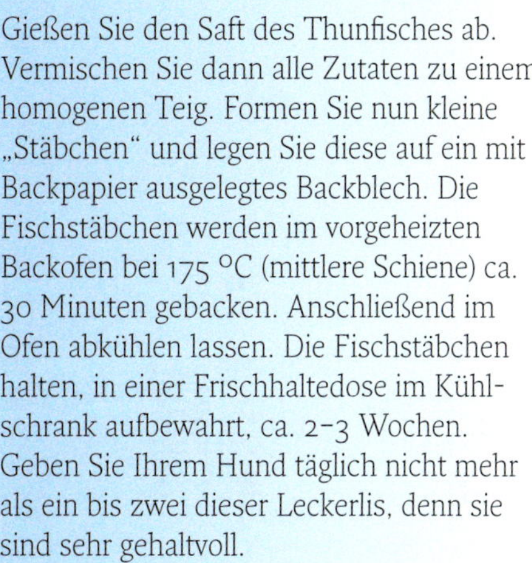

Gießen Sie den Saft des Thunfisches ab. Vermischen Sie dann alle Zutaten zu einem homogenen Teig. Formen Sie nun kleine „Stäbchen“ und legen Sie diese auf ein mit Backpapier ausgelegtes Backblech. Die Fischstäbchen werden im vorgeheizten Backofen bei 175 °C (mittlere Schiene) ca. 30 Minuten gebacken. Anschließend im Ofen abkühlen lassen. Die Fischstäbchen halten, in einer Frischhaltedose im Kühlschrank aufbewahrt, ca. 2–3 Wochen. Geben Sie Ihrem Hund täglich nicht mehr als ein bis zwei dieser Leckerlis, denn sie sind sehr gehaltvoll.

EXTRA

Elf goldene Futterregeln

Feste Zeiten einhalten

Feste Fütterungszeiten sind wichtig, um den Stoffwechsel des Hundes nicht unnötig durcheinanderzubringen. Füttern Sie daher also nicht wahllos, wenn Sie gerade Zeit haben. Ein ausgewachsener Hund sollte ein- besser noch zweimal täglich seine Mahlzeit bekommen. Achten Sie darauf, dass Ihrem Hund nicht zu jeder Zeit Futter zur Verfügung steht. Das widerspricht seiner ursprünglichen Futtersituation. Etwa 15 Minuten nach der Fütterung sollten Sie den Rest wieder wegnehmen; auch Futternörgler werden so zum besseren Fressen animiert.

Die Menge macht's

Ein Spitz weiß nicht von selbst, wie viel Futter er braucht. Bieten Sie Ihrem Vierbeiner daher auf keinen Fall unbegrenzt Futter an. Bei Fertignahrung finden Sie grobe Richtwerte zu den Mengenangaben auf der Futterpackung. Überprüfen Sie aber immer auch an Ihrem Hund, ob diese Menge angemessen ist, denn häufig wird zu viel Futter angegeben. Kochen Sie selbst, fragen Sie Ihren Tierarzt nach der angemessenen Portionsgröße für Ihren Hund.

Vorsicht mit Kaltem

Gerade im Sommer ist es wichtig, frisches Hundefutter im Kühlschrank aufzubewahren, damit es nicht verdirbt. Verfüttern Sie es allerdings nur zimmerwarm. Zu kaltes Futter kann Verdauungsprobleme hervorrufen. Außerdem entfaltet Frisch- und Nassfutter seinen vollen Geschmack erst bei Zimmertemperatur. Muss es doch einmal schnell gehen, erwärmen Sie das Fressen kurz im Kochtopf, Wasserbad oder in der Mikrowelle.

Abwechslung ist Trumpf

Auch Hunde sind Feinschmecker und lieben Abwechslung. Die große Auswahl an Fertigfutter macht es Ihnen hier leicht. Bereichern Sie den Speiseplan zusätzlich hin und wieder mit Karotten, Quark, Hüttenkäse, Nudeln, Reis oder Kräutern. Beachten Sie bei der Fütterung auch das Alter, den Gesundheitszustand und die Auslastung Ihres Vierbeiners. Inzwischen gibt es für alle Ansprüche speziell zusammengesetzte Nahrung.

Langsame Futterumstellung

Führen Sie Futterumstellungen nur langsam und schrittweise durch, damit sich der Verdauungstrakt Ihres Hundes an die neue Nahrung gewöhnen kann.

Es muss nicht immer Fleisch sein

Wölfe nehmen mit dem Darminhalt ihrer Beutetiere immer auch wichtige pflanzliche Nahrung auf. Daher ist es falsch, anzunehmen, Hunde seien reine Fleischfresser. Für eine ausgewogene Ernährung benötigen sie einen gewissen Anteil an pflanzlicher Nahrung. In Fertigfutter wurde dies bereits bei der Zusammensetzung berücksichtigt. Kochen Sie selbst, mischen Sie das Fleisch am besten mit Nudeln, Reis, Gemüse oder speziellen Hundeflocken.

Betteln ist tabu

Fallen Sie nicht auf den treuen Blick Ihres Vierbeiners rein, Sie tun ihm damit nichts Gutes. Erstens erziehen Sie ihn so erst zum Betteln und zweitens bekommt Ihr Hund auf diese Weise auch schnell mal etwas Süßes, das sehr schädlich für ihn ist. Belohnen Sie ihn nur mit speziellen Hundeleckerlis.

Keine Reste vom Tisch

Geben Sie Ihrem Spitz nie Reste Ihrer eigenen Mahlzeit. Ihr Hund darf hier auf keinen Fall vermenschlicht werden, denn er hat ganz andere Ernährungsansprüche als Sie. Unsere stark gewürzten Speisen führen bei Vierbeinern schnell zu schweren Gesundheitsstörungen. Füttern Sie nur spezielles und ausgewogenes Hundefutter.

Finger weg von Milch

Natürlich ist Milch auch bei Hunden beliebt. Viele Tiere bekommen davon jedoch Verdauungsstörungen. Daher gilt: Keine Milch, sondern täglich frisches Wasser als Getränk anbieten.

Kein rohes Schweinefleisch

Füttern Sie kein rohes Schweinefleisch, denn dadurch kann sich Ihr Hund mit der lebensbedrohlichen Aujeszkyschen Krankheit infizieren. Die Symptome sind ähnlich wie bei der Tollwut, daher wird die Krankheit auch „Pseudowut" genannt. Schweinefleisch darf nur gut durchgekocht verfüttert werden. Rohes Rindfleisch ist dagegen unbedenklich.

Nach dem Essen sollst du ruhen

Füttern Sie Ihren Spitz immer erst nach einem Spaziergang. Rennen und Toben mit vollem Magen ist tabu: Schnell kommt es zu Verdauungsstörungen bis hin zur lebensgefährlichen Magendrehung.

Ausstellungen

Bei einer Ausstellung wird der Hund anhand des vorgeschriebenen Rassestandards beurteilt und bewertet.

Hundeausstellungen sind für alle Rassehundefreunde eine interessante Plattform. Bereits vor der Anschaffung eines Vierbeiners können Sie sich hier genau über eine bestimmte Rasse informieren, denn Sie erleben nicht nur etliche Vertreter live, sondern haben auch die Möglichkeit, mit Haltern und Zuchtvereinen in Kontakt zu treten und auf diese Weise Erfahrungsberichte aus erster Hand zu sammeln. Bei den Ausstellungen selbst geht es um die genaue Überprüfung und Bewertung der Hunde hinsichtlich des vorgeschriebenen Rassestandards und der durch den betreuenden Verein festgelegten Zuchtkriterien.

Für einige Hundehalter ist die Teilnahme an einer Ausstellung reiner Spaß. Sie möchten solch eine Veranstaltung einfach einmal mitmachen, um nur interessehalber zu hören, wie Ihr Vierbeiner vor einem professionellen Richter abschneidet. Vielleicht hat Sie sogar der Züchter Ihres Hundes dazu überredet, schließlich ist es für den Züchter selbst wichtig und interessant zu sehen, wo sein Nachwuchs und somit auch seine Zuchtlinie steht. Viele Aussteller sind bereits in das Zuchtgeschehen involviert. Es sind langjährige und zukünftige Züchter, aber auch Deckrüdenbesitzer, die ihre Vierbeiner über die Teilnahme an Aus-

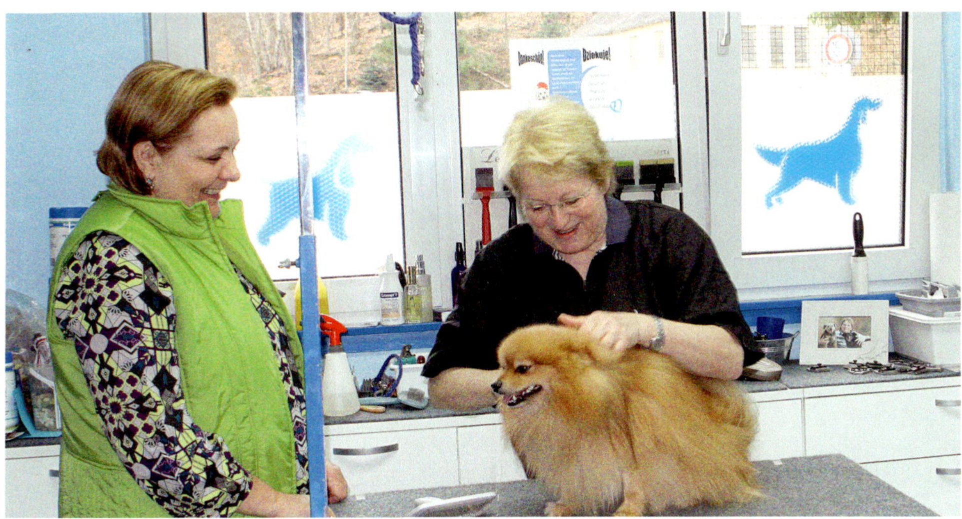

Vor der Teilnahme an einer Zuchtschau steht das Zurechtmachen des Spitzes.

stellungen bekannter machen möchten. Auf einer Hundeausstellung herrscht eine ganz besondere Atmosphäre. Das Sehen und Gesehenwerden steht in jedem Fall im Vordergrund. Die Einteilung der Hunde erfolgt in verschiedene Klassen, getrennt nach Geschlechtern und Alter. Bei der abschließenden Bewertung werden bestimmte Formwertnoten vergeben (siehe Kasten Seite 84).

Dabeisein ist alles

Möchten auch Sie einmal mit Ihrem Spitz im Ring stehen, sei es aus reinem Vergnügen oder weil Sie mit ihm züchten möchten, ist ein gutes Sozialverhalten Ihres Hundes natürlich Pflicht, schließlich wird er zunächst in einer Gruppe mit anderen Spitzen (getrennt nach Größe) vorgeführt. Außerdem ist eine ordentliche Leinenführigkeit schon die halbe Miete einer gelungenen Präsentation. Bei der anschließenden Einzelbewertung erfolgt die genaue Begutachtung Ihres Hundes durch den Richter: Dieser prüft neben dem Gangwerk das Stockmaß, die genauen Proportionen, Be-

Ein hochdekorierter Champion: Dieser Wolfsspitz war bereits sehr erfolgreich.

So funktioniert's

Rassen- und Klasseneinteilung

Der Spitz wurde von der FCI (Fédération Cynologique Internationale) in die Gruppe 5: Spitze und Hunde vom Urtyp, Sektion 4: Europäische Spitze, ohne Arbeitsprüfung eingeteilt.

Als Startklassen gibt es:

- *Jüngstenklasse (6–9 Monate)*
- *Jugendklasse (9–18 Monate)*
- *Zwischenklasse (15–24 Monate)*
- *Offene Klasse (ab 15 Monate)*
- *Veteranenklasse (ab 8 Jahre)*
- *Gebrauchshundklasse (ab 15 Monate mit Arbeitsprüfung)*
- *Championklasse (ab 15 Monate für Champions und Gewinner bestimmter Titel)*
- *Ehrenklasse (startberechtigt nur mit dem FCI-Titel „Internationaler Schönheitschampion")*

Formwertnoten

- *Vorzüglich (V)*
- *Sehr gut (SG)*
- *Gut (G)*
- *Genügend (Ggd)*
- *Disqualifiziert (Disq)*

Die vier besten Hunde einer Klasse werden platziert, sofern sie mindestens die Formwertnote „Sehr gut" erhalten haben.

Beurteilungen in der Jüngstenklasse

vielversprechend (vv)
versprechend (v)
wenig versprechend (wv)

Weitere Wettbewerbe

Zuchtgruppe *Sie besteht aus mindestens drei Hunden einer Rasse aus demselben Zwinger; die Hunde müssen am Tag der Ausstellung in der Einzelbewertung mindestens den Formwert „Gut" bekommen haben.*

Paarklasse *Sie besteht aus jeweils einem Rüden und einer Hündin, die Eigentum eines Ausstellers sein müssen.*

Juniorhandling *Dies ist ein Vorführwettbewerb für Jugendliche, der als Vorbereitung gedacht ist, Hunde auch später im Ausstellungsring zu präsentieren.*

Veteranen-Wettbewerb *Hier können Hunde ab dem 8. Lebensjahr starten. Es wird nach den Vorgaben des Standards besonders die Gesamtkonstitution, der Pflegezustand des Vierbeiners sowie die im Ring gezeigte Kondition beurteilt.*

Ältere Vierbeiner dürfen in der Veteranenklasse starten.

Bitte beachten Sie ...

Kranke Vierbeiner sind von Zuchtschauen ausgeschlossen. Vor der Ausstellung müssen Sie die FCI-Ahnentafel und den Impfpass mit einer gültigen Tollwutimpfung Ihres Hundes vorlegen.

sonderheiten des Standards und die Zähne. Dieses Beurteilungsritual sollten Sie schon vorab üben, damit sich Ihr Spitz auch von fremden Menschen ins Maul sehen und natürlich überhaupt berühren lässt. Der Umgang und das korrekte Vorführen des Hundes fließen in die Bewertung mit ein; so erkennen die Richter genau, wer mit seinem Vierbeiner das optimale Präsentieren trainiert hat. Nicht selten wird ein Ausstellungsneuling darauf hingewiesen, dass seine Führfehler der Grund für eine schlechtere Bewertung des Hundes sind, im Vierbeiner jedoch mehr Potenzial steckt. Eine gute und umfassende Vorbereitung für eine Zuchtschau bekommen Sie durch ein professionelles Ringtraining, das von manchen Hundevereinen oder auch Züchtern angeboten wird. Für die Teilnahme an einer Zuchtschau sollten Sie sich aber nicht nur im Vorfeld Zeit nehmen, auch die Ausstellung selbst dauert meist einen ganzen Tag, wobei Sie die meiste Zeit sicherlich mit Warten verbringen. Wie die Hunde selbst das Ausstellungsgeschehen aufnehmen, ist unterschiedlich. Einige Vertreter scheinen sichtlich Spaß am Präsentieren und Posieren zu haben. Bei anderen Gespannen ist der Spaß am Gesehenwerden eher auf den Zweibeiner begrenzt, der Vierbeiner hingegen würde den Tag sicherlich lieber tobend im Freien verbringen. Eine gewisse Nervenstärke muss ein Spitz für eine Ausstellung in jedem Fall mitbringen, damit ihn die Menschen- und Hundeansammlung auf engstem Raum nicht unnötig stresst.

Jeder Hund einer Zuchtgruppe muss am Tag der Ausstellung mindestens den Formwert „Gut“ bekommen haben.

Begleiter in Freizeit und Alltag

Spitze sind sportliche Freizeitpartner, die am liebsten immer und überall mit dabei sind.

Für ein soziales Tier wie einen Hund gibt es nichts Schöneres, als seine Leute so oft wie möglich zu begleiten. Ein gewisser Grundgehorsam und eine gute Sozialisation des Vierbeiners sind allerdings die Voraussetzung für gemeinsame, entspannte Freizeitaktivitäten und einen abwechslungsreichen Alltag.

Hobby Hundesport

Damit Ihr Spitz seine positiven Eigenschaften voll und ganz entfalten kann, ist eine angemessene Auslastung sehr wichtig. Eine Möglichkeit den intelligenten Vierbeiner zu fordern ist Hundesport. Hier gibt es inzwischen ganz unterschiedliche Sportarten, die auf vielen Hundeplätzen angeboten werden. Auch im Wettkampfsport soll für alle Beteiligten stets der Spaß im Vordergrund stehen. Die intensive Beschäftigung miteinander schweißen Herr und Hund schnell zu einem unzertrennlichen Dream-Team zusammen. Im Folgenden stellen wir Ihnen einige Sportarten vor, die gut für einen Spitz geeignet sind.

Begleithundeprüfung (BH)

Voraussetzung für die Ausübung einiger Sportarten (z. B. Agility, Fährtenhund) ist eine bestandenen Begleithundeprüfung. Das Mindestalter der wedelnden Prüflinge liegt bei 15 Monaten. Der Vierbeiner muss auf dem Hundeplatz verschiedene Unterordnungsübungen absolvieren; außerdem gilt es außerhalb des Platzes einen Verkehrsteil zu bestehen, der das sichere und freundliche Verhalten des Hundes gegenüber anderen Verkehrsteilnehmern und Artgenossen überprüft. Für den Hundeführer gibt es zuvor noch eine theoretische Prüfung.

Agility

Agility ist mehr als nur ein schneller Sport. Agility festigt und vertieft die Bindung zwischen Zwei- und Vierbeinern. Laut FCI-Reglement erfolgt eine Einteilung in drei verschiedene Startklassen je nach Größe des Hundes. Ein professioneller Parcours besteht aus 15 bis 20 Hindernissen und hat eine Länge zwischen 100 und 200 m. Bei einem Turnier sollten mindestens sieben Hochsprung-Hürden vorhanden sein. Zum Standard gehören zehn Geräte, der Richter stellt davon mindestens sieben. Zudem müssen mindestens zwei Richtungswechsel im Parcours enthalten sein. Die Bewertung erfolgt am Ende je nach Zeit, eventuellem Abwurf oder Verweigerung. Schnelligkeit und Präzision sind hierbei sehr wichtig.
Daher ist ein optimales Zusammenspiel zwischen Mensch und Hund unerlässlich.

Bei der Begleithundeprüfung muss das sechsbeinige Team auch einen Verkehrsteil bestehen.

Turnierhundesport

Turnierhundesport (THS) bietet für jeden etwas, denn hier gibt es auch je nach Alter des Führers unterschiedliche Startklassen. Mensch und Hund bilden als gleichgestellte Partner ein Team; in die Endnote fließen also nicht nur die Leistungen des Vierbeiners, sondern auch die des Zweibeiners mit ein. Innerhalb des Turnierhundesports gibt es verschiedene, abwechslungsreiche Wettbewerbsformen wie Hindernislauf-Turniere, Vierkampf (Gehorsam, Hürden-, Slalom und Hindernislauf), Geländelauf (2000 m/5000 m), Combination Speed Cup (CSC; Mannschaftswettkampf, in dem drei Mannschaftsmitglieder in einem in drei

Die agile Rasse ist für Hundesport jeglicher Art zu haben.

Sektionen eingeteilten Parcours als Staffel laufen), Shorty (Kurz-Bahn-„CSC“ für Zweier-Mannschaften mit zwei Geräte-Sektionen) und Qualifikations-Speed-Cup („QSC“; Wettkampf nach dem K.-o.-System auf zwei baugleichen Parcours).

Mobility

Mobility ist eine Sportart, die sich für Menschen und Hunde jeden Alters, aber auch für gehandicapte Vierbeiner eignet, denn die zu absolvierenden Aufgaben werden individuell an die startenden Hunde angepasst. Dabei gilt es Elemente aus dem Agility, aber auch andere Spaßlektionen wie Schaukeln, in einem Bollerwagen fahren oder einen Gegenstand apportieren zu bewältigen. Außerdem können kleine Unterordnungsübungen und Kunststückchen abgefragt werden. Damit der Parcours als bestanden gilt, muss das sechsbeinige Team mindestens zwölf von siebzehn Stationen fehlerfrei durchlaufen. Anschließend folgt für Herrchen oder Frauchen ein Theorieteil mit zehn Fragen rund um den Hund. Sind acht Antworten richtig, hat auch der Zweibeiner seinen Test bestanden. Bei Mobility stehen grundsätzlich der Spaß und das Teamwork mit dem Hund im Mittelpunkt.

Trickdogging

Immer mehr Hundeschulen bieten Kurse oder Workshops in Trickdogging an. Dabei werden Gehorsamkeitsübungen mit Spaßlektionen verbunden. Die vierbeinigen Schüler lernen kleine Kunststückchen und Spiele, die der

Der tägliche Spaziergang wird mit dem Überspringen von Naturhindernissen noch interessanter für den sportlichen Spitz.

Auch das „Abklatschen“ ist eine lustige Lektion aus dem Trickdogging.

Hundeführer auf Spaziergängen oder bei schlechtem Wetter im Haus ganz einfach „abfragen“ kann. Hier ist also Kopfarbeit gefragt. Im Mittelpunkt steht immer der Spaß und nicht die perfekte Leistung. Die Palette der Übungen ist groß: Winken, Verbeugen, „Give me five“, das schnurlose Telefon bringen oder ein Taschentuch aus der Hose ziehen sind nur einige wenige Beispiele. Da dieses Training individuell auf jeden einzelnen Vierbeiner zugeschnitten werden kann, ist es auch gut für ältere Spitz, Hunde mit Handicap oder ängstliche Hunde geeignet.

Dogdancing

Dogdancing ist eine Sportart, die den Hund körperlich, aber auch und vor allem geistig fordert. Der Hundeführer entwickelt zusammen mit seinem vierbeinigen „Tanzpartner“ eine Choreographie, die auf einer perfekten Fußarbeit basieren soll. Zusätzlich führt der Hund diverse Tricks vor. Die gesamte Darbietung muss möglichst synchron zu einer begleitenden Musik ausgeführt werden. Bei der Zusammenstellung einer Dogdancing-Choreographie sind viel Kreativität und Fantasie gefragt. Für die Einstudierung sind Geduld, Humor und eine gute Motivation des Hundes nötig. Eine Vorführung, die nicht nur paarweise, sondern auch in Gruppen-Formationen geschehen kann, soll freudig und voller Harmonie sein.

Sportbegleiter Spitz

Unterwegs mit dem Fahrrad

Spitze sind sehr aktive, ausdauernde Hunde, die sichtlich Spaß daran haben, ihre Leute bei sportlichen Aktivitäten zu begleiten. So freuen sie sich über eine Fahrradtour genauso wie Herrchen und Frauchen, die sich in ihrer Freizeit körperlich fit halten wollen. Das Laufen neben dem Fahrrad ist primär für Wolfs-, Groß- und Mittelspitz geeignet. Grundvoraussetzung für die ungefährliche Mitnahme eines Hundes am Rad ist natürlich ein gewisser Gehorsam: Das sichere Herkommen auf Zuruf,

Bitte beachten Sie ...

Nicht jeder Hund ist für jede Sportart zu begeistern. Suchen Sie die Beschäftigung mit Ihrem Vierbeiner nach seiner individuellen Vorliebe, seinem Gesundheitszustand und seiner allgemeinen Fitness aus. Nehmen Sie auch Wettkampfsport nicht allzu ernst: Drill und übertriebener Ehrgeiz haben hier nichts zu suchen. Der Spaß soll bei diesem Teamwork immer an erster Stelle stehen. Betrachten Sie Trainer ebenfalls unter diesem Gesichtspunkt: Nehmen Sie Abstand von strengen, autoritären Unterrichtsmethoden. Humorvolle Motivationen sind das A und O einer optimalen Vertrauensbeziehung zwischen Ihnen und Ihrem Hund. Nur so macht Ihrem Vierbeiner die Zusammenarbeit mit Ihnen Spaß und nur so ist sie Erfolg versprechend. Hundesportplätze und -vereine in Ihrer Nähe finden Sie über das Internet. Auch Tierschutzvereine, Tierärzte, Zoogeschäfte oder andere Hundebesitzer in Ihrer Umgebung sind geeignete Ansprechpartner auf der Suche nach einer passenden Trainingsmöglichkeit. Bevor Sie sich endgültig für einen Hundeplatz entscheiden, ist ein mehrmaliges Zuschauen vorab sowie Gespräche mit Trainern und Teilnehmern empfehlenswert. Haben Sie die Möglichkeit, sehen Sie sich am besten gleich mehrere Übungsplätze näher an. Ebenfalls hilfreich für die Entscheidungsfindung ist die Teilnahme an einer Probestunde. Wichtig ist, dass die Kursleiter individuell auf jede Hundepersönlichkeit eingehen.

gute Leinenführigkeit und einwandfreies Bei-Fuß-Gehen sind ein absolutes Muss für einen ungefährlichen Radausflug mit Ihrem Spitz. Führen Sie einen ungeübten Hund langsam an das Laufen neben dem Fahrrad heran, denn auch er muss erst allmählich seine Kondition aufbauen. Bremsen Sie einen zu überschwänglichen Vierbeiner unbedingt ein, er könnte sich leicht selbst überschätzen, schließlich ist eine Radtour für den Hund deutlich anstrengender als für den Radler. Meiden Sie außerdem große Hitze.

Halten Sie Ihren rennenden Kameraden vom Fahrrad aus an der Leine, wickeln Sie die Leine aus Sicherheitsgründen nie um den Lenker, sondern nehmen Sie diese so in die Hand, dass Sie im Notfall schnell loslassen können.

Damit auch die Kleinsten an einer Radltour teilnehmen können, ist für zwischendurch ein Fahrradkörbchen für den Hund praktisch.

Tipp!

Ausdauersportarten, bei denen der Hund länger läuft, sind nur für absolut gesunde, normalgewichtige und nicht zu alte Hunde geeignet. Auch junge Vierbeiner müssen mit Rücksicht auf ihren noch instabilen, weichen Bewegungsapparat geschont werden: Gewöhnen Sie Ihren bellenden Begleiter erst ab einem Alter von etwa 1,5 Jahren langsam an längere Strecken. Wärmen Sie Ihren Hund vor jeder sportlichen Aktivität gut auf, um Schäden am Skelett vorzubeugen.

Eine Alternative besteht im Springerbügel: Hier haben Sie die Hände frei und am Lenker, während Ihr Spitz mit einem Kurzführer an einem gefederten Halter am Rad befestigt ist; eine Sicherheitsvorrichtung sorgt dafür, dass sich die Leine samt Hund im Notfall vom Rad löst und Sie so nicht gefährdet. Für Klein- und Zwergspitz ist ein Fahrradkörbchen empfehlenswert, in dem sie, dauert die Tour länger, Platz nehmen und die Aussicht von oben genießen dürfen. Einige Sprints neben dem Fahrrad sind zwischendurch natürlich auch für die Kleinen erlaubt. Sie als Radler sollten bei einer Fahrradtour immer einen geeigneten Helm tragen.

Viel Spaß am laufenden Band

Joggen, **Walken** und **Nordic Walking** sind nach wie vor die Renner unter den Outdoorsportarten. Wie immer gilt für Mensch und Hund: geteiltes Vergnügen ist doppelte Freude. Vergessen Sie selbst bei gut folgenden Hunden nie, eine Leine für den Notfall mitzunehmen. Damit der Jogger die Hände frei hat,

Tipp!

Erste Hilfe bei Muskelkater:
Vorbeugend gleich nach der Anstrengung 1 Tablette Rhus toxicodendron D30 oder im Akutfall 2 x tgl. 1 Tablette.
Achtung: *Suchen Sie bei schweren oder länger anhaltenden Beschwerden unbedingt den Tierarzt auf.*

Führen Sie Ihren Spitz nicht zu früh an Ausdauersportarten heran, denn dies kann sich fatal auf den noch instabilen Bewegungsapparat des Junghundes auswirken.

Füttern Sie Ihren Hund nicht vor dem Sport oder einem Spaziergang, denn durch einen vollen Bauch kann es leicht zur lebensgefährlichen Magendrehung kommen.

Keinen Sport mit vollem Bauch

Wegen der Gefahr einer Magendrehung darf ein Hund grundsätzlich vor sportlichen Aktivitäten nichts zu fressen bekommen. Füttern Sie ihn auch nicht unmittelbar danach, sondern erst nach einer ca. 20-minütige Erholungspause: Eine große, gierig verschlungene Portion kann zusätzlich Kreislauf belastend sein und schwer im Magen liegen.

hält der Fachhandel inzwischen spezielle Jogging-Leinen und -Gürtel bereit; in Letzteren wird die Leine einfach eingehängt. Natürlich muss Ihr Spitz so gut erzogen sein, dass er nicht ungestüm an der Leine zieht.
Planen Sie eine größere Runde mit Pause, vergessen Sie etwas Wasser für Ihren sportlichen Vierbeiner nicht. Lassen Sie ihn allerdings nicht zu viel davon trinken, damit er durch das Rennen mit vollem Bauch keine Magendrehung bekommt.

Probier's mal mit Gemütlichkeit

Sind Sie kein Freund von flotten Sportarten, probieren Sie es mal mit einer ruhigeren **Wanderung**. Da jedoch auch hier von Zwei- und Vierbeinern Ausdauer gefragt ist, müssen Sie das Training hier wieder erst langsam aufbauen. Packen Sie für längere Touren neben einer eigenen Brotzeit auch Trinkwasser und, je nach Dauer, eine kleine Futterration sowie einen Napf für Ihren Spitz ein. Vergessen Sie außerdem ein Erste-Hilfe-Notfallset nicht. Längere Bergtouren bedürfen einer größeren Vorbereitung; sicheres Kartenlesen ist dabei schon eine wichtige Grundvoraussetzung. Klären Sie bei Mehrtagestouren unbedingt vorab, ob Ihr Vierbeiner auch in Hütten übernachten darf.

Haben Sie es gerne ruhiger, ist ein Spitz auch ein toller Wandergefährte.

Tipp!

Nehmen Sie als Hundebesitzer Rücksicht auf andere Spaziergänger, Jogger und Radfahrer: Rufen Sie Ihren Vierbeiner ab und lassen Sie ihn kurz bei Fuß gehen, bis Jogger oder Radler vorüber sind. Dies ist zugleich ein gutes Erziehungstraining.

Rund ums Spielen

Warum Spielen so wichtig ist

Jedes junge Tier spielt gerne, denn Spielen macht Spaß, aber nicht nur das: Im Spiel lernt ein Vierbeiner fürs Leben und zwar sein Leben lang. Schon Welpen lernen spielerisch ihre Umwelt kennen, lernen aus guten und schlechten Erfahrungen. Aber auch die Rangordnung innerhalb des Hunderudels und später innerhalb der Familie wird spielerisch ausgetestet. Das Spiel mit Artgenossen legt für Welpen den Grundstein zu einem normal entwickelten, ausgeglichenen Sozialverhalten. Spielen ist aber nicht nur für junge Hunde wichtig. Im Grunde kann ein Vierbeiner bis ins hohe Alter spielerisch lernen.

Erwachsene Hunde testen untereinander ebenfalls immer wieder im Spiel ihre Rangordnung aus. Sehr selbstbewusste Tiere versuchen oft, innerhalb ihrer Familie durch schelmische Tricks ihre Grenzen und ihren Stand in der Familie auszuloten. Lassen Sie sich nicht einwickeln, sonst haben Sie schnell verspielt. Auch veränderte Lebensbedingungen oder unbekannte Gegenstände werden noch von erwachsenen Hunden spielerisch erforscht. Häufiges Spielen schult außerdem das Gehirn des Vierbeiners. So belegen Studien, dass Hunde, die in ihrer Welpenzeit kaum Eindrücke sammeln konnten, ihr Leben lang weniger aufnahmefähig sind als Artgenossen, die zwar von den Erbanlagen her nicht so intelligent sind, dafür aber mehr gefördert wurden. Vierbeiner, denen mehr geboten wird, können sich auch nachweislich besser konzentrieren.

Junge Hunde erfahren durch ausgelassenes Toben nach Erziehungseinheiten eine tolle Belohnung. Sie dürfen nun ihren, durch die Anspannung des Lernens aufgestauten Energien so richtig freien Lauf lassen und entspannen sich somit wieder. Gehen Sie die Erziehung Ihres Spitzes spielerisch an, wirkt dies sehr motivierend auf den Vierbeiner, denn der Spaß kommt dabei nie zu kurz. Außerdem entwickelt sich ein intensives Vertrauensverhältnis zwischen Ihnen und Ihrem Hund.

Gerade junge Hunde lernen im Spiel fürs Leben.

Regelmäßiges Spielen mit Ihrem Spitz stärkt die Bindung und das Vertrauensverhältnis zwischen Ihnen beiden.

Regelmäßige Spielstunden schweißen Sie und Ihren Spitz zu einem richtigen Dream-Team zusammen. Auf diese Weise bleibt Ihr wedelnder Kamerad auch im Alter lange körperlich und geistig fit. Schüchterne Vertreter gelangen durch einfache Spiele, die Erfolge bringen, zu einem neuen, gestärkten Selbstbewusstsein. Spielen ist für Hunde jeden Alters also in den unterschiedlichsten Bereichen wie ein Lebenselixier, ohne das sie auf Dauer physisch und psychisch verkümmern würden.

Lustige Hundespiele

Apportierspiele Beherrscht Ihr Spitz das Kommando „Apport", hat er sichtlich Spaß daran, Ihnen im Alltag Dinge zu transportieren. Als eingespieltes Team können Sie Ihrem

10 Spielregeln für Sie und Ihren Spitz

Spielen macht Spaß, allerdings nur, wenn sich alle Mitspieler an bestimmte Regeln halten. Im Zusammenspiel mit Ihrem Spitz bleiben Sie jedoch immer der Chef, der auch dafür sorgt, dass Ihr cleverer Vierbeiner nicht still und heimlich Ihre Autorität untergräbt.

- *Sie bestimmen Zeitpunkt und Ort.*
- *Sie sind der Spielzeug-Verwalter.*
- *Kein Tauziehen mit sehr selbstbewussten Rambos.*
- *Nach dem Füttern herrscht Spielverbot (Magendrehung).*
- *Lassen Sie Ihren Hund während des Spiels keine großen Mengen trinken (Magendrehung).*
- *Nicht in der größten Mittagshitze spielen.*
- *Auf ausreichende Ruhephasen achten.*
- *Belohnen Sie nicht nur mit Leckerli, sondern auch mit Stimme, Streicheln und Spielzeug.*
- *Sie legen das Spielende fest.*
- *Hören Sie auf, wenn's am Schönsten ist!*

Vierbeiner in Zukunft eine tragende Rolle auf Spaziergängen und kleinen Einkaufstouren zukommen lassen. Beim ersten Morgenspaziergang wird Ihr haariger Helfer stolz wie Oskar die Tageszeitung vom Kiosk nach Hause tragen oder einen kleinen Henkelkorb mit frischen Brötchen. Außerdem kann er Ihnen die Pantoffeln bringen oder auf einem Spaziergang bei trübem Wetter einen kleinen Schirm tragen. Für die Gartenarbeit bringt Ihnen Ihr bellender Gentleman gerne die Gummihandschuhe oder eine kleine Gießkanne. Wasserratten apportieren auch aus dem kühlen Nass. Hier gibt es inzwischen spezielles Neopren-Spielzeug in verschiedenen Größen, das sehr leicht ist und somit gerade für kleine Hunde gut geeignet ist. Wichtig ist, den Hund während des Apportierens kräftig zu loben. Um seinen Spaß an der Arbeit zu fördern und sein Selbstvertrauen zu stärken, geben Sie ihm bei all diesen Aufgaben stets das Gefühl, sehr wichtig zu sein. Hat er eine Aufgabe erfolgreich beendet, dürfen natürlich ausgiebiges Loben und ein Leckerli nicht fehlen.

Für Sprungtalente Die meisten Spitze überspringen gerne Hürden. Hierfür eignet sich gut ein Besenstiel, der auf umgedrehte Obstkisten, Pappkartons oder Ziegelsteine gelegt wird. Aus Schutz vor Verletzungen sollte die „Stange" bei einer Berührung leicht herunterfallen.

Apportiert Ihr Spitz gerne, lassen sich daraus lustige Spiele kreieren.

Das Überspringen von Hürden steht bei den meisten Spitzen hoch im Kurs.

Setzten Sie sich auf den Boden, lädt Ihr ausgestrecktes Bein zum Überspringen ein. Mehrere umgedrehte, mittelgroße Blumentöpfe sind ebenfalls ein tolles Hindernis. Mit Ihren Armen können Sie einen „Reif" bilden, durch den Ihr Spitz ebenfalls gerne springt. Möchten Sie einmal eine Dogdancing-Choreographie für den Hausgebrauch kreieren, bauen Sie die letztgenannten Sprungelemente mit ein.

Spiel-Session für alle Nicht weniger Action ist angesagt, wenn Sie Ihren Spitz an einem Gesellschaftsspielenachmittag mit der ganzen Familie teilhaben lassen. Ihr Hund übernimmt hierbei den Part des Würflers. Dazu benötigen Sie einen Schaumgummi- oder Stoffwürfel für Kleinkinder aus dem Spielwarengeschäft. Achten Sie darauf, dass der Würfel auf jeden Fall so groß ist, dass ihn Ihr Spitz nicht verschlucken kann. Von Ihren Befehlen „Bring" und „Aus" geleitet, wird Ihr vierbeiniges Multitalent nun für Sie würfeln. Ein anschließendes ausgiebiges Lob samt gelegentlichen Leckerlis ist natürlich wichtig und spornt weiter an. Wenn Sie Ihrem Hund den Würfel immer nur an solchen Spieletagen geben, hat Ihr bellender Assistent bald ver-

Wichtige Auflockerung

Weil das Erlernen von Kunststückchen eine sehr hohe Konzentration vom Hund verlangt, sollten Sie immer nur in kurzen Sequenzen üben. Schließen Sie stets mit einem Erfolgserlebnis ab und lockern Sie die einzelnen Lernschritte durch Pausen auf. Auch ein zwischenzeitliches Toben im Garten macht den Kopf wieder frei für die Aufnahme neuer „Befehle".

Ausgelassenes Toben zwischendurch ist eine willkommene Unterbrechung des Trainings.

standen, was er damit zu tun hat. Nach und nach können Sie dann die Befehle „Bring" und „Aus" durch die einfache Aufforderung „Würfeln" ersetzen. Mit Ihrem Hund als Würfler werden Spieleabende in Ihrem Bekanntenkreis bald die Attraktion sein, und Schlechtwettertage in Zukunft sehnlichst erwartet werden. Wetten, dass ...?

Immer der Nase nach Spitze sind wahre Supernasen, die sich für Schnüffelspiele absolut begeistern. Geben Sie beispielsweise ein paar Wurststückchen in ein Marmeladenglas mit Schraubdeckel. Stechen Sie einige Duftlöcher in den Deckel, verstecken Sie das Glas und lassen Sie Ihren Hund danach suchen. War er erfolgreich, bekommt er zur Belohnung die Wurst.

Wählen Sie auch unterschiedlich hoch gelegene Schnüffelverstecke: Binden Sie zum Beispiel ein Wiener Würstchen an eine Schnur und ziehen Sie damit (unbeobachtet vom Hund) eine Schleppe durch den Garten. Führen Sie anschließend die Wurst an einem Baum hoch und befestigen Sie diese an einem höheren Ast. Nun schicken Sie Ihre vierbeinige Supernase auf die Suche. Das Versteck der Wurst sollte Ihr Hund mit Bellen oder Kratzen am Baum anzeigen.

Schnüffelspiele lassen sich gut mit anspruchsvoller Kopfarbeit verbinden: Hier muss der Wolfsspitz beispielsweise erst die Schublade mit der Pfote herausziehen, bevor er an das Leckerli kommt.

Gefährliches Hundespielzeug!

- *Gefährlich für Hunde ist Kinderspielzeug wie Bausteine oder Stofftiere mit Glasaugen oder Knöpfen, die schnell abgerissen und gefressen sind.*
- *Alle spitzen und scharfkantigen Gegenstände sind als Hundespielzeug absolut ungeeignet; dies gilt auch für Spielzeug, in dem spitze Teile wie Nägel oder Drähte eingearbeitet sind.*
- *Ebenfalls absolut tabu sind Schnüre, dünne Nylonstrümpfe, Plastikbecher oder Luftballons.*
- *Verboten sind Äste von giftigen Sträuchern sowie lackierte Dinge.*
- *Zu schweren Verletzungen können Materialien führen, die leicht splittern oder zerbrechen, wie bestimmte Holzarten, Glas, Keramik oder manche Kunststoffteile.*

Bei all diesen Dingen drohen dem Hund nicht nur schwere Verletzungen im Maul, sondern auch im Magen-Darm-Trakt. Im schlimmsten Fall kann Ihr Vierbeiner ersticken oder einen Darmverschluss bekommen.

Für Klein- und Zwergspitze können Sie außerdem leere Filmdöschen mit Nassfutter füllen und anschließend in der Wohnung oder im Garten verstecken. Ihr Hund soll nun die Überraschungsröllchen finden und darf sie zur Belohnung natürlich auch auslecken.

Gaudikunststückchen Kann Ihr Spitz auf Kommando „Pfötchen" geben, entwickeln Sie dies weiter zu einem Winken. Lassen Sie Ihren Vierbeiner hierfür zunächst vor Ihnen absitzen. Verbinden Sie dann den Befehl „Pfötchen" mit dem Begriff „Winken". Gibt Ihr Spitz sein Pfötchen ins Leere, loben Sie ihn kräftig und belohnen Sie ihn. Bald wird das Kommando „Pfötchen" dabei überflüssig sein. Die Dauer des Winkens sowie die Höhe der Pfote können Sie mit einem hochgehaltenen Leckerli und einem entsprechenden Sichtzeichen beeinflussen.

Selbst gemachtes Hundespielzeug

Leicht lässt sich ein Jute- oder Lederspielzeug selber herstellen: Nehmen Sie hierfür einen alten Jutesack, füllen Sie ihn mit etwas Holzwolle und binden Sie ihn mit einem Baumwollstrick fest zu. Lederreste ergeben zusam-

Bitte beachten Sie ...

Nicht alle Hunde sind für jedes Spiel zu begeistern. Stellen Sie fest, dass Ihr Vierbeiner keinen Spaß an einem Spiel hat, wechseln Sie lieber zu einem anderen über. Diese gemeinsamen Spiele sollen für beide Seiten eine lustige Abwechslung im Herr-Hund-Alltag sein und nicht in Drill und Frust ausarten.

Erste-Hilfe-Tipp

Hat Ihr Hund doch einmal aus Versehen ein gefährliches spitzes oder scharfes Teil gefressen, füttern Sie als Erste-Hilfe-Maßnahme sofort rohes Sauerkraut; dies wickelt sich im Verdauungstrakt um den Gegenstand, sodass dieser, meist ohne weitere Schäden anzurichten, wieder ausgeschieden wird. Kontaktieren Sie zur Sicherheit aber trotzdem auch Ihren Tierarzt.

mengenäht und ausgestopft ebenfalls ein interessantes Apportel. Ein abgetrenntes Jeansbein, ein ausrangiertes T-Shirt, ein ausgedienter Strumpf oder ein altes Handtuch sind, allesamt mit einem großen Knoten versehen, lustige Schleuderspielzeuge. Leere Pizzakartons ergeben lustige Frisbee®-Scheiben für den Hausgebrauch. Anschließend darf Ihr Spitz diese Flugobjekte nach Herzenslust zerfetzen.

Der gemeinsame Alltag

Ein wohlerzogener Spitz ist im Alltag ein toller Begleiter. Ihre Freunde freuen sich sicherlich nicht nur über Ihren Besuch, sondern auch über Ihren charmanten Gute-Laune-Hund, der schnell Stimmung und Schwung in die Bude bringt. Der gemeinsame Gang in ein Restaurant sowie das brave unter dem Tisch Liegen versteht sich für einen vierbeinigen Gentleman von selbst. Mit einem vorbildlichen Hund sind Sie ein gern gesehener Gast, der fast schon negativ auffällt, wenn er einmal ohne seinen haarigen Begleiter kommt. Die mittägliche Einkehr wird Ihrem Spitz versüßt, wenn er genüsslich an einer wohlverdienten Kaustange knabbern darf. Ein anschließender Verdauungsspaziergang tut nicht nur Ihnen, sondern auch Ihrem Vierbeiner gut. Ein gut erzogener Hund kann Sie außerdem zum Einkaufen begleiten. Gerne trägt Ihnen ein eifriger Apporteur beispielsweise eine gekaufte Zeitung nach Hause. Auf diese Weise haben nicht nur Sie, sondern auch Ihr Spitz Spaß am gemeinsamen Shoppen.

Im Alltag ist ein gut erzogener Spitz ein sehr angenehmer Begleiter.

Stöcke sind bei Hunden zwar sehr beliebt, können aber auch zu gefährlichen Verletzungen im Maul führen.

Etliche Hunde sind wahre Autofetischisten, die einfach nur gerne mitfahren. Achten Sie hier unbedingt auf die ausreichende Sicherung Ihres Vierbeiners, ansonsten kann es im Falle eines Unfalls nicht nur gefährlich, sondern auch teuer werden, denn Tiere gelten im Auto rechtlich gesehen als Ladung. Sicherungssysteme gibt es inzwischen viele, doch leider sind nicht alle wirklich empfehlenswert. Achten Sie bei der Auswahl am besten auf vorliegende Ergebnisse von Crashtests oder DIN-Prüfungen. Auch der ADAC hat eine Liste mit Vor- und Nachteilen unterschiedlicher Sicherungseinrichtungen wie Spezialsicherheitsgurte, Trenngitter, Transportboxen & Co. herausgegeben.

Natürlich kann Sie Ihr Spitz bei vielen weiteren Aktivitäten begleiten: zum Beispiel bei einem Ausflug an einen Badesee oder zu einem Picknick. Vielleicht haben Sie auch einen hundefreundlichen Chef, der sich über einen vierbeinigen Mitarbeiter mit Aufgabenschwerpunkt „Verbesserung des Betriebsklimas“ freut.

Wichtig ist bei allem, dass Sie Ihren Hund ganz behutsam an die jeweils neue Situation heranführen. Sparen Sie dabei nie mit Lob. Trauen Sie ihm andererseits aber auch außerhalb Ihrer vier Wände ruhig ein ordentliches Auftreten zu. Nur Mut!

Hundesitter und -tagesstätten

Immer wieder einmal wird es vorkommen, dass Sie Ihren Spitz nicht mitnehmen können. Wenn Sie länger als fünf Stunden abwesend sind, sollten Sie Ihren Vierbeiner bei einem Hundesitter unterbringen. Idealerweise finden Sie jemanden im Freundes- oder Verwandtenkreis, der Ihren Spitz liebt und bei dem sich auch Ihr Hund wohlfühlt. Ist dieser Fall für Sie unrealistisch, fragen Sie andere Hundebesitzer, die Sie täglich beim Spaziergang treffen. Vielleicht kennt jemand eine hundebegeisterte Person, die selbst keinen Vierbeiner halten kann, aber hoch erfreut über gelegentlichen Hundebesuch ist. Häufig sind Tiersitter auch Tierärzten, Tierschutzvereinen, Hundeschulen, Zoofachhändlern oder Ihrem Züchter bekannt. Empfehlenswert ist ebenfalls der Blick in die Kleinanzeigen Ihrer Tageszeitung oder ins Internet. Möchten Sie Ihren Spitz lieber von einem Profi betreuen lassen, wenden Sie

In einer professionellen Hundetagesstätte sind meist mehrere Vierbeiner gleichzeitig untergebracht. Das kann für Ihren Vierbeiner ein großer Spaß sein, muss es aber nicht.

Ein gemeinsamer Ausflug an einen Badesee ist nicht nur geteiltes Vergnügen, sondern doppelte Freude.

Gewöhnen Sie Ihren Spitz schon früh an einen Pflegeplatz, dann ist der gelegentliche Aufenthalt dort für ihn ganz normal und völlig unspektakulär.

sich an eine Hundetagesstätte; hier sind meist mehrere Vierbeiner gleichzeitig „geparkt". Für gut sozialisierte Hunde ist dieser Aufenthalt ein großer Spaß, da sie hier viel Kontakt mit Artgenossen bekommen. Sensiblere Vertreter fühlen sich eventuell bei einem privaten Betreuer wohler, denn er kümmert sich ganz individuell ausschließlich nur um ihn. Tagesstätten sind häufig Hundepensionen oder -hotels angegliedert. Der Aufenthalt hier ist in der Regel teurer als bei einer privaten Stelle. Andererseits können Sie in professionellen Betrieben oftmals Extras buchen wie Erziehungstraining, Tierarztbesuche oder Wellnessprogramme. Nehmen Sie sich auf alle Fälle viel Zeit für die Suche und Auswahl eines geeigneten Hundesitters. Sehen Sie sich vor Ort genau um und beobachten Sie gut, wie Mensch und Hund miteinander umgehen und aufeinander reagieren. Nur wenn ein optimales Vertrauensverhältnis gegeben ist, werden sich beide Seiten wohlfühlen. Und nur dann können Sie beruhigt auch mal ohne Ihren Spitz unterwegs sein. Wichtig ist außerdem, den Vierbeiner möglichst frühzeitig an die Unterbringung bei anderen Personen zu gewöhnen, dann fällt ihm später die vorübergehende Trennung von Ihnen nicht so schwer.

Für einen Spitz ist das schönste am Urlaub, seine Familie 24 Stunden am Tag um sich zu haben.

Mit dem Spitz auf Reisen

Dabeisein ist für einen Spitz alles, daher gibt es für ihn auch nichts Schöneres als Sie im Urlaub zu begleiten. Ein sicherer Garant für eine erholsame Reise ist in erster Linie eine gute Organisation im Vorfeld. Bedenken Sie bei Ihrer Planung, dass sich ein Spitz grundsätzlich in gemäßigtem bis kühlerem Klima wohler fühlt, als an einem besonders heißen Urlaubsort. Möchten Sie ins Ausland fahren, sprechen Sie unbedingt vor Ihren Ferien mit Ihrem Tierarzt; er wird Sie beraten und aufklären und Ihnen alle erforderlichen Medikamente mitgeben. Vergessen Sie nicht, den auf dem Mikrochip des Hundes enthaltenen Code spätestens vor einer geplanten Reise bei einem Tierregister (siehe Seite 126 „Hilfreiche Adressen") eintragen zu lassen, damit Ihr Vierbeiner im Falle eines Verschwindens schneller wiedergefunden werden kann. Besorgen Sie rechtzeitig alle Grenzpapiere, fehlendes Reisezubehör und Hundefutter.

Haben Sie einen hundefreundlichen Urlaubsort gefunden, geht es an die Suche einer geeigneten Unterkunft. Wollen Sie ein All-Inclusive-Paket buchen, sind Sie mit einem tierfreundlichen Hotel gut beraten. Inzwischen gibt es sogar richtige Hundehotels, in denen sich Herr und Hund gleichermaßen verwöhnen lassen können. Außerdem werden Hotels mit angegliederter Hundeschule immer beliebter. Gerade Singles treffen hier viele Gleichgesinnte und knüpfen schnell Kontakte.

Vergessen Sie auch nicht, das Hundefutter einzupacken.

Lieben Sie es dagegen ruhiger, sind Sie gern flexibel und können gut auf Luxus verzichten, empfiehlt sich ein Ferienhaus oder -wohnung. Hier sind Sie Ihr eigener Herr und haben für sich und Ihren Spitz viel Platz. Urige Camping- und Hüttenaufenthalte sowie Trekkingtouren mit Hund stellen für abenteuerlustige Outdoorfreaks eine reizvolle Alternative zum herkömmlichen Urlaub dar. Erkundigen Sie sich aber unbedingt vorab, ob Ihr Vierbeiner auch wirklich willkommen ist. Über das Internet oder das Tourismusbüro Ihres ausgewählten Ferienortes bekommen Sie entsprechende Adressen und Informationen.

Ein Ferienhaus mit Garten ist für einen Urlaub mit Hund ideal.

Welches Verkehrsmittel nehmen?

Eine gute Organisation schließt auch die Wahl nach einem passenden Verkehrsmittel mit ein. Je nach Land und gewähltem Verkehrsmittel gibt es für die Mitnahme eines Hundes einiges zu beachten, schließlich soll schon die Anreise für alle Beteiligten stressfrei und entspannend sein. Am beliebtesten ist sicherlich die Fahrt mit dem Auto. Ihr Spitz benötigt hier unbedingt einen eigenen Platz, an dem er vorschriftsmäßig gesichert ist. Achten Sie außerdem auf ausreichend Kühlung sowie Frischluft und Wasser. Vermeiden Sie jedoch Zugluft, denn die kann zu schweren Augenentzündungen und Erkältungen führen. Regelmäßige Gassi- und Trinkpausen sind ein Muss; halten Sie dafür immer Wasserflasche und -napf griffbereit. Füttern Sie Ihren Hund zuletzt maximal vier Stunden vor Reiseantritt, ansonsten liegt ihm sein Futter unterwegs schwer im Magen. Führt Ihre Strecke über Bergstraßen, bieten Sie Ihrem Vierbeiner bei häufigem Gähnen oder Hecheln ein paar Leckerli oder einen Kauknochen an, damit sich der unangenehme Druck auf den Ohren löst. Planen Sie auf jeden Fall genug Zeit für die

> **Tipp!**
>
> *Wenn Sie selbst eine kurze Pause benötigen, lassen Sie Ihren Hund an heißen Tagen nie im Auto zurück. Auch geöffnete Fenster verhindern nicht die enorme Aufheizung des Autos, das für den Vierbeiner schnell zur quälenden und tödlichen Falle werden kann.*

Im Auto muss Ihr Vierbeiner unbedingt ausreichend gesichert sein, ansonsten kann es unter Umständen gefährlich und teuer für Sie werden.

In der Bahn fährt ein kleiner Spitz kostenlos mit, wenn Sie ihn in einer Transporttasche unterbringen.

Anreise ein, eventuell sogar mit Zwischenübernachtungen. Die besten Reisezeiten sind morgens und abends, eventuell sogar nachts. Versuchen Sie, Staugebiete zu umfahren. Kommen Sie trotzdem in einen Stau, verlassen Sie bei nächster Gelegenheit lieber die Autobahn für einen Spaziergang, bis sich der Stau wieder aufgelöst hat.

Mit der Bahn unterwegs

Für die Fahrt in einem öffentlichen Verkehrsmittel ist ein guter Benimm Ihres Spitzes eine selbstverständliche Grundvoraussetzung. Auch eine gewisse Nervenstärke ist von Nöten, denn nicht nur auf dem Bahnsteig, sondern auch im Zug selber muss Ihr vierbeiniger Begleiter häufig mit Menschenmengen und großer Enge fertig werden. Unternehmen Sie vor der Abreise noch einen langen Spaziergang, damit Ihr Hund nicht nach einiger Zeit im Zug unruhig wird. Längere Aufenthalte sind für kleine Pinkelpausen nützlich. Stecken Sie für den Notfall ein Kottütchen ein. Lassen Sie Ihren Spitz nie auf dem Bahnsteig frei laufen: Leicht könnte er durch das Treiben dort in Panik geraten und entwischen. In der Bahn ist ebenfalls Leinenzwang angesagt. Hunde in der Größe von Mittel-, Klein- und Zwergspitzen, die auch noch in einer Transporttasche oder -box Platz haben, fahren kostenlos. Wolfs- und Großspitz hingegen müssen einen Maulkorb tragen (außer Blindenhunde) und benötigen eine Kinderfahrkarte. Weitere Infos finden Sie im Internet unter www.bahn.de.

> **Tipp!**
>
> *In Österreich und der Schweiz gelten für die Beförderung von Hunden ähnliche Bestimmungen wie in Deutschland. Nähere Informationen erhalten Sie bei der Österreichischen Bundesbahn (ÖBB) unter* **www.oebb.at** *bzw. der Schweizer Bundesbahn (SBB) unter* **www.sbb.ch**.

Unterwegs in Bus und Taxi

In vielen Städten gibt es spezielle Tiertaxis. Aber auch in normalen Taxis dürfen Hunde mitfahren. Erwähnen Sie aber bereits bei der Bestellung, dass Sie ein Vierbeiner begleitet. Busfahren ist in manchen Städten für Hunde kostenlos, in anderen gilt der halbe Fahrpreis. Fragen Sie entweder gleich vor Ort den Fahrer oder erkundigen Sie sich vorab beim örtlichen Fremdenverkehrsbüro.

Mancherorts gibt es extra Tiertaxis, die speziell für die Beförderung von Vierbeinern und deren Besitzer ausgerichtet sind.

„Eine Seefahrt, die ist lustig …"

Fährüberfahrten mit einer Dauer von ein bis drei Stunden stellen für Hundebesitzer meist kein Problem dar, weil der Vierbeiner in der Regel mit an Deck darf. Allerdings kann dies auch von Land zu Land verschieden sein, erkundigen Sie sich also lieber vorab bei Ihrem Reiseveranstalter. Bei längeren Strecken sind Hunde häufig wegen fehlender Unterbringungsmöglichkeiten nicht zugelassen. Manche Fähren bieten inzwischen schon spezielle Hundekabinen an. Grundsätzlich gilt auf Schiffen Leinenzwang, manchmal sogar Maulkorbpflicht. Vergessen Sie nicht Ihre Hundegrundausstattung wie Napf, Wasser, eventuell etwas Futter, eine Decke sowie den Impfpass und je nach Einreiseformalität ein Gesundheitszeugnis. Kreuzfahrten sind für Hunde tabu. Einzige Ausnahme: die „Queen Elisabeth II", sie hat ein eigenes Hundedeck.

Weitere interessante Hinweise zum Thema „Urlaub mit Hund" finden Sie unter **www.ferien-mit-hund.de**.

Flugreisen mit Hund

Nur kleine Hunde bis zu einem Gewicht von 5 kg dürfen bei den meisten Fluggesellschaften im Passagierraum mitfliegen. Informieren Sie sich aber unbedingt vor der Flugbuchung über die Mitnahmebedingungen. Auch Blinden- und Behindertenbegleithunde können unabhängig von ihrer Größe bei ihrem Führer bleiben. Vierbeiner in der Größe von Mittel, Groß- und Wolfsspitz müssen in einer Transportbox im Gepäckraum untergebracht werden. Sprechen Sie vor einem Flug mit Ihrem Tierarzt und lassen Sie sich auf jeden Fall ein Beruhigungsmittel für Ihren Vierbeiner mitgeben, denn eine Flugreise bedeutet großen Stress für den Hund.

Weitere Informationen zum Thema bekommen Sie unter www.flughund.de.

Ersparen Sie Ihrem Spitz Flugreisen und bringen Sie ihn, wenn Sie wegfliegen möchten, lieber bei einem netten Hundesitter unter.

Das gehört ins Hundegepäck

- ✓ Leine und Halsband bzw. Geschirr
- ✓ Adressen-Schild fürs Halsband mit Urlaubsadresse und dem Reisezeitraum sowie der Heimatadresse
- ✓ Eventuell Maulkorb
- ✓ Eventuell Transportbox
- ✓ Körbchen, Decke und Handtücher
- ✓ Spielzeug
- ✓ Frisches Trinkwasser und Näpfe
- ✓ Futter, Leckerli und Kauknochen
- ✓ Dosenöffner
- ✓ Bürste und/oder Kamm
- ✓ Kottütchen
- ✓ Sonnenschutz
- ✓ Reiseapotheke
- ✓ EU-Heimtierausweis/Grenzpapiere
- ✓ Versicherungsnummer und Nummer der Telefonhotline bzw. Anschrift der Haftpflichtversicherung

Die Reiseapotheke für Ihren Hund sollte enthalten

- ✚ Eventuell benötigte Dauermedikamente
- ✚ Mittel gegen Durchfall
- ✚ Wundspray/Desinfektionsmittel
- ✚ Augen- und Ohrentropfen
- ✚ Floh- und Zeckenmittel
- ✚ Zeckenzange
- ✚ Schere
- ✚ Fieberthermometer
- ✚ Gaze, Verbandsmaterial
- ✚ Pfotenschutzschuh
- ✚ Rescue-Tropfen von Bach

Spielzeug darf im Hundekoffer natürlich nicht fehlen.

Der Spitz in der Pflegestelle

Haben Sie ein besonders weit entferntes oder heißes Urlaubsziel im Auge, ist es besser auf die Mitnahme Ihres Spitzes zu verzichten und ihn während Ihrer Abwesenheit zu Hause optimal unterzubringen. Auch diese Ferienvariante muss gut vorbereitet werden. So gilt es zunächst einen zuverlässigen, lieben Hundesitter oder eine kompetente Tierpension zu finden. Im Idealfall kann Ihr Verbeiner bei Verwandten oder Freunden einquartiert werden. Häufig nimmt der Züchter seinen ehemaligen Nachwuchs gern in Pflege. Vielleicht kennt er aber auch jemanden, bei dem Ihr haariger Kamerad während Ihres Urlaubs gut aufgehoben ist.

Für die Pflegefamilie muss zusätzlich ins Hundegepäck

- ✓ Eventuell nötige Medikamente
- ✓ Ihre Urlaubsadresse bzw. Handynummer für Notfälle
- ✓ Telefonnummer Ihres Tierarztes
- ✓ Liste mit Vorlieben, Abneigungen und Eigenheiten Ihres Hundes

Professionelle Hundepensionen finden Sie über das Internet, das Branchenverzeichnis, Ihren Tierarzt, Tierschutzvereine, Zoofachgeschäfte, Hundevereine, den Kleinanzeigenteil Ihrer Tageszeitung oder Tierzeitschriften. Auch andere Hundebesitzer, die Ihren Vierbeiner ebenfalls schon in einer Pension untergebracht haben, können Ihnen entsprechende Tipps geben. Sogar Tierheime nehmen vorübergehende Pfleglinge auf. Die Bezahlung ist hier für einen guten Zweck, denn das Geld kommt gleichzeitig dem Tierschutz zugute. Nehmen Sie sich unbedingt Zeit für die Auswahl eines geeigneten Pflegeplatzes. Sehen Sie sich vor Ort genau um, sprechen Sie ausführlich mit der zuständigen Person und vereinbaren Sie vorab am besten mehrere Treffen, damit Ihr Spitz und der vorübergehende Betreuer sich schon etwas kennenlernen. Beobachten Sie das Verhalten Ihres Vierbeiners: Fühlt er sich wohl in der neuen Umgebung? Hat er Vertrauen zu seinem möglichen Pfleger? Nehmen Sie Abstand von Hundepensionen, die nur auf Ihr Geld, nicht aber auf das Wohl Ihres Hundes aus sind. Zahlen Sie andererseits lieber mehr, wenn Ihnen der Pflegeplatz optimal erscheint. Haben Sie einen vertrauenswürdigen Hundesitter gefunden, schließen Sie mit ihm einen Vertrag ab. Sprechen Sie eventuelle Vorlieben, Abneigungen und Eigenheiten Ihres Spitzes an. Informieren Sie ihn außerdem über die gewohnten Fütterungs- und Gassigehzeiten. Gehorcht Ihr Vierbeiner nicht absolut zuverlässig, bitten Sie den Pfleger, Ihren Hund beim Spaziergang nicht abzuleinen. Alle wichtigen Informationen halten Sie für den Sitter am besten schriftlich fest. Geben Sie Ihren Spitz nicht erst am letzten Tag vor Ihrer Reise in der Betreuungsstelle ab, damit eventuelle Schwierigkeiten noch vor Ihrer Abfahrt geklärt werden können.

Oftmals kann man seinen Vierbeiner auch wieder beim Züchter in Pflege geben.

Geben Sie Ihren Spitz rechtzeitig in der Betreuungsstelle ab, damit eventuelle Schwierigkeiten noch vor Ihrer Reise geklärt werden können.

Vorsorge

Spitze gelten in der Regel als sehr robust, gesund und langlebig.

Neben einer optimalen Pflege, Ernährung und Auslastung gibt es weitere vorsorgende Maßnahmen, die zu einem langen, gesunden Hundeleben beitragen. Hierzu gehören natürlich regelmäßige Entwurmungen und Impfungen (siehe Kasten Seite 109). Außerdem ist ein hygienisches Umfeld wichtig: Achten Sie stets auf einen sauberen Futterplatz und gereinigte Näpfe. Waschen Sie auch das Hundebett öfter in der Maschine, damit Parasiten wie Milben oder Flöhe keine Überlebenschance haben. Suchen Sie Ihren Spitz zudem von Frühjahr bis Herbst täglich nach Zecken ab, denn diese könnten Ihren Hund beispielsweise mit Borreliose infizieren. Vor starkem Befall schützen spezielle Präparate vom Tierarzt.

Eine bewährte Prophylaxe gegen Krankheitsanfälligkeit ist viel Bewegung an der frischen Luft bei jedem Wetter, denn auf diese Weise härten Sie Ihren Vierbeiner ab.

Manchen gesundheitlichen Schwachstellen Ihres Hundes können Sie gut mit Alternativmedizin begegnen und dadurch Erkrankungen vorbeugen. Hier leistet beispielsweise die Homöopathie hervorragende Dienste. So unterstützt Echinacea wirkungsvoll ein geschwächtes Immunsystem. Das Anfangsmittel bei einer beginnenden Erkältung ist Aco-

Viel Bewegung an der frischen Luft bei jedem Wetter stärkt das Immunsystem und wirkt somit prophylaktisch gegen Krankheiten.

Diverse Mittel aus der Alternativmedizin lassen sich auch gut präventiv einsetzen.

nitum. Gelsemium oder Euphorbium können bei bereits bestehendem Schnupfen und Belladonna bei Husten helfen. Zur Verbesserung des Allgemeinbefindens wird China oder Mu-

Entwurmung

Führen Sie viermal im Jahr eine Wurmkur bei Ihrem Vierbeiner durch, um ihn vor Darmparasiten wie Band-, Rund-, Haken- und Peitschenwürmern zu schützen, mit denen er sich überall in freier Natur durch tote Wildtiere oder deren Kot infizieren kann. Achten Sie dabei auf wechselnde Präparate, da die Parasiten Resistenzen bilden können. Möchten Sie Ihren Hund nicht routinemäßig entwurmen, sollten Sie wenigstens alle drei Monate eine Kotprobe von Ihrem Tierarzt auf Würmer untersuchen lassen, damit Sie im Falle einer Infektion schnell handeln können, schließlich ist eine Übertragung auf Menschen ebenfalls möglich.

Leinen Sie Ihren Hund nur ab, wenn er absolut zuverlässig folgt.

cosa verabreicht. Weitere wirksame Rezepte hält die Kräutermedizin parat. So tun Salbei-Tee und -Honig Ihrem Hund bei Husten gut. Auch Löwenzahn- und Spitzwegerich-Honig sind empfehlenswert. Geben Sie in der Akutphase mehrmals täglich einen Teelöffel. Anfällige, alte oder geschwächte Tiere bekommen durch Zufütterung von Vitamin-C-reichem Hagebutten- oder Holunderbeerenmus neuen Schwung. Zur allgemeinen Stärkung ist Rosmarin sehr gut geeignet. Brennnessel und Löwenzahn kurbeln den Stoffwechsel an und sorgen auf diese Weise für eine bessere Fitness.

Reiben Sie rissige Ballen mit Kamillen- oder Ringelblumensalbe ein, damit sie sich nicht entzünden. Ebenso bewährt haben sich Johanniskraut- und Lavendelöl.

Behandeln Sie eine durch Schneefressen verursachte Magenreizung mit Kamillen-Tee; er wirkt entzündungshemmend und beruhigt die Schleimhaut. Legen Sie bei Bauchschmerzen warme, entspannende Kamillen-Umschläge auf den Hundebauch.

Impfungen

Um Ihren Vierbeiner vor einigen sehr gefährlichen Infektionskrankheiten zu schützen, sind Impfungen wichtig. Zwar kann auch ein geimpfter Hund noch an den diversen Erregern erkranken, der Krankheitsverlauf selbst ist dann aber nur leicht, schließlich hatte das Immunsystem durch die Impfung vorab schon die Möglichkeit, sich durch die Bildung von entsprechenden Antikörpern auf die Erregerbekämpfung vorzubereiten.

Folgendes Impfschema ist angeraten:

6. Woche (in gefährdeten Beständen): *Parvovirose*

8. Woche: *Hepatitis c.c. (HCC), Leptospirose, Parvovirose, Staupe*

12. Woche: *Hepatitis c.c. (HCC), Leptospirose, Parvovirose, Staupe, Tollwut*

16. Woche: *Hepatitis c.c. (HCC), Parvovirose, Staupe, Tollwut*

15. Monat: *Hepatitis c.c. (HCC), Leptospirose, Parvovirose, Staupe, Tollwut*

Alle ein bis drei Jahre erfolgt eine ***Auffrischungsimpfung****: Parvovirose, Staupe, Hepatitis c.c. (HCC), Leptospirose, Tollwut.*

Eine Impfung gegen ***Zwingerhusten*** *empfiehlt der Tierarzt individuell, je nach Umfeld des Tieres und akuter Seuchenlage.*

Inzwischen weiß man, dass einige wichtige Impfstoffe Hunde deutlich länger schützen als nur ein Jahr. Durch manche wird sogar bereits nach der Grundimmunisierung des Welpen eine lebenslange Immunität erreicht. In etlichen Ländern ist es jedoch erforderlich, Auffrischungsimpfungen, die alle ein bis drei Jahre durchgeführt werden, nachweisen zu können.

Die Hausapotheke für Ihren Hund

- Eventuell nötige Dauermedikamente
- Mittel gegen Reisekrankheit/ Beruhigungsmittel
- Mittel gegen Durchfall
- Wundspray/Desinfektionsmittel
- Augen- und Ohrentropfen
- Floh- und Zeckenmittel
- Zeckenzange
- Wurmkur
- Schere
- Fieberthermometer
- Gaze, Verbandsmaterial
- Pfotenschutzschuh
- Vaseline gegen rissige Ballen
- Eventuell Maulkorb
- Rescue-Tropfen von Bach

Impfungen sind wichtig, denn damit ist Ihr Spitz vor einigen sehr gefährlichen Infektionskrankheiten geschützt.

Natürlich gehört auch ein hundesicheres Zuhause zu einer umfassenden Gesundheitsvorsorge. So ist der beste Schutz vor Unfällen die Vermeidung gefährlicher Situationen. Was Sie dabei in Ihrer Wohnung und Ihrem Garten alles beachten müssen, lesen Sie ab Seite 40 „Welpensicheres Zuhause". Wenn Ihr Spitz nicht zuverlässig folgt, leinen Sie ihn in unsicherem Gelände nie ab: Zu schnell kommt es zu einer Katastrophe. Ein wirkungsvoller Schutz vor Vergiftungen ist, Ihrem Hund schon früh beizubringen, nur auf Befehl hin zu fressen. So nimmt er auch unterwegs nichts Unerlaubtes und eventuell Gefährliches auf.

Physiologische Daten eines Spitzs

Körpertemperatur: 38–39 °C (bei Welpen bis zu 39,3 °C)

Atemfrequenz: Zwerg- und Kleinspitz: 30–50 Atemzüge pro Minute; Mittel-, Groß- und Wolfsspitz: 20–30 Atemzüge pro Minute

Pulsfrequenz: Zwerg- und Kleinspitz: 90–120 Schläge pro Minute; Mittel-, Groß- und Wolfsspitz: 70–100 Schläge pro Minute

Schleimhaut: rosa, feucht, glatt und glänzend, ohne Auflagerungen

Bei Stress und/oder körperlicher Belastung steigen diese Werte an.

Gehen Sie bei Auffälligkeiten sofort zum Tierarzt, denn je eher Sie eine Krankheit erkennen, umso besser sind die Heilungschancen.

Bekannte Krankheitsbilder

Je eher Sie eine Krankheit bei Ihrem Spitz erkennen, umso besser. Beobachten Sie daher Ihren Hund gut und reagieren Sie bereits bei den ersten Anzeichen einer Erkrankung. Suchen Sie frühzeitig einen Tierarzt auf, hat Ihr Vierbeiner grundsätzlich die besten Heilungschancen.

Nachfolgend stellen wir einige Krankheitsbilder vor, grundsätzlich ist der Spitz aber eine sehr robuste, gesunde und langlebige Rasse.

Hüftgelenksdysplasie (HD) bei Groß- und Wolfsspitz

Unter der Hüftgelenksdysplasie versteht man eine Fehlentwicklung der Hüftgelenke. Hüftpfanne und Oberschenkelkopf entwickeln sich nicht passend zueinander; weil die Pfanne zu flach, der Kopf zu klein oder nicht rund ist, umschließen sich beide Teile nicht richtig;

Die Rassezuchtvereine legen großen Wert auf eine strenge Zuchtauslese bezüglich HD, daher sind hier die meisten Hunde HD-frei oder zeigen Übergangsformen.

somit liegt zu viel Spiel dazwischen, das zu einer verstärkten Reibung und Abnutzung im Gelenk führt. Dysplasien sind überwiegend genetisch bedingte Entwicklungs- bzw. Wachstumsstörungen. Im Verein für Deutsche Spitze e. V. legt man auf eine sehr strenge Zuchtauswahl Wert – mit Erfolg, denn der Großteil der in deutschen Rassezuchtvereinen gezüchteten Groß- und Wolfsspitze ist HD-frei oder zeigt Übergangsformen.

Der Verein für Deutsche Spitze e. V. selektiert schon seit längerem auf gesunde Knie hin.

Patellaluxation bei Mittel-, Klein- und Zwergspitz

Patellaluxation bedeutet eine plötzliche Verlagerung der Kniescheibe aus ihrer Gleitrinne im Oberschenkelknochen. Mögliche Ursachen sind eine zu flach ausgebildete Gleitrinne und Abweichungen in der Knochenachse zwischen

Ober- und Unterschenkel. Die Erkrankung ist vererbbar und tritt meist während des Wachstums im ersten Lebensjahr zutage. In etwa 80 % der Fälle und gehäuft bei Zwerghunderassen luxiert die Kniescheibe nach innen (mediale Luxation). Bei wiederholtem Auftreten können schmerzhafte Gelenkentzündungen und Knorpelschäden entstehen, die dann wiederum zu Lahmheit und Hochhalten des betroffenen Beins führen. Springt die Kniescheibe in ihre normale Position zurück, wird das Bein wieder normal belastet. Um schwere Gelenkschäden zu vermeiden, ist eine frühzeitige Behandlung angeraten. In einem frühen Stadium ist meist keine Operation notwendig; später müssen die Gleitrinne der Kniescheibe operativ vertieft und die Ansatzstelle des geraden Kniescheibenbandes versetzt werden.
Im Verein für Deutsche Spitze e. V. wird seit Jahren auf gesunde, stabile Knie selektiert.

Notfall-Set

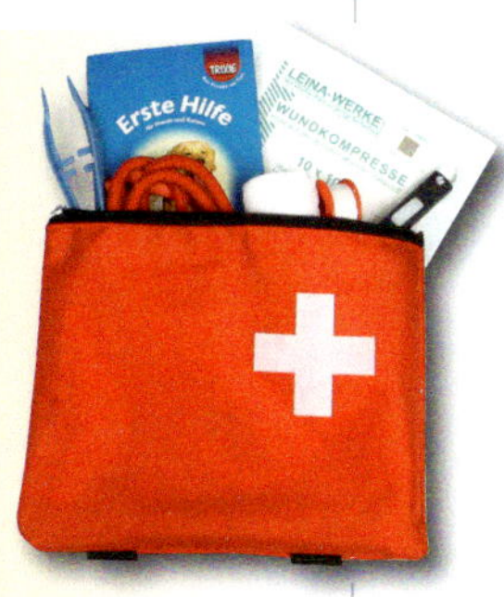

- Elastische Mullbinden
- Sterile Gaze
- Selbstklebende Verbände
- Watte
- Pflasterrolle
- Verbandsschere
- Wunddesinfektionsmittel
- Antiseptisches Puder
- Brand- und Antihistamin-Salbe (vom Tierarzt)
- Heparin-Salbe (vom Tierarzt)
- Traumeel Salbe
- Digitales Fieberthermometer
- Taschenlampe
- Decke
- Eventuell Maulkorb
- Ersatzleine
- Einmalhandschuhe

Zahnstein

Zwerghunderassen wie der Klein- und Zwergspitz neigen vermehrt zu Zahnsteinbildung. Häufig tritt dieses Problem schon bei relativ jungen Hunden auf. Eine regelmäßige Zahnpflege ist also beim Spitz wichtig. Dies kann mit hartem Futter (Trockenfutter, harte Leckerlis, Kauröllchen, Zahnpflege-Stripes) geschehen, aber auch durch regelmäßiges Zähneputzen mit einer speziellen Zahnbürste und -pasta. Schwerer Zahnstein muss regelmäßig vom Tierarzt entfernt werden, da die daraus resultierende vermehrte Bakterienansiedlung an den Zähnen nicht nur Zahnfleischentzündungen, Zahnfäule und Zahnausfall, sondern auch Schädigungen im gesamten Organismus zur Folge haben kann.

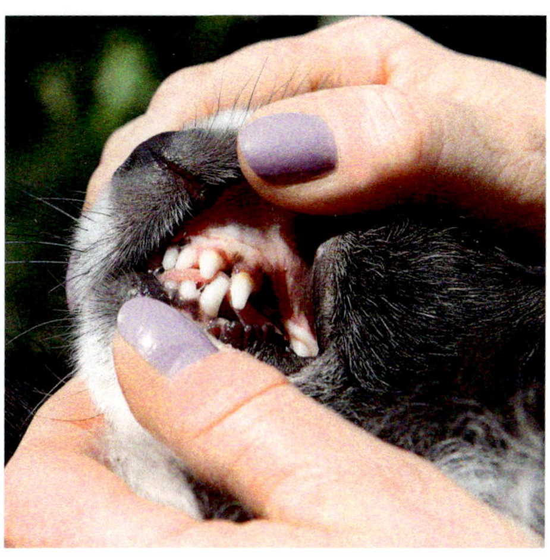

Vorbeugend gegen Zahnstein hilft eine regelmäßige Zahnpflege.

Alternative Heilmethoden

Alternative Heilmethoden kommen immer mehr auch in der Tiermedizin zum Einsatz und zwar mit großem Erfolg.

Auch im tiertherapeutischen Sektor sind alternative Heilmethoden zunehmend im Kommen. Bei manchen Krankheiten, kann eine schulmedizinische Behandlung häufig völlig durch alternative Verfahren ersetzt werden. Meist dauert solch eine Therapie zwar länger, andererseits ist sie jedoch deutlich nebenwirkungsärmer. Bei chronischen Erkrankungen hat sich der Einsatz alternativer Heilmethoden ebenfalls bewährt. In schweren Krankheitsfällen können natürliche Verfahren mit der Schulmedizin kombiniert werden und so zusätzliche Linderung verschaffen. Im Folgenden stellen wir Ihnen einige bewährte Heilmethoden vor.

Homöopathie

Die Homöopathie, die von dem Arzt Samuel Hahnemann (1755–1843) begründet wurde, betrachtet den Menschen bzw. das Tier in seiner Gesamtheit. Hier spielt nicht nur das akute körperliche Symptom eine Rolle, sondern die gesamte Persönlichkeit des Tieres mit all ihren körperlichen und seelischen Eigenheiten. Um das passende Mittel zu finden, sind also neben dem Leitsymptom auch der Wesenstyp, die Entstehung der Krankheit, der augenblickliche Zustand und weitere Besonderheiten des Patienten zu beachten. Dabei gilt der Grundsatz:

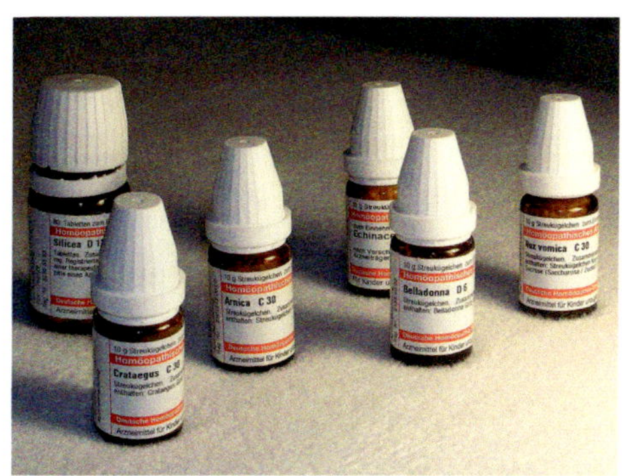

Die Homöopathie sieht Mensch und Tier als Ganzes, nicht nur das körperliche Symptom spielt also eine Rolle, sondern auch die Psyche des jeweiligen Individuums.

Ähnliches ist mit Ähnlichem zu heilen. Homöopathika stammen überwiegend aus dem Pflanzenreich; man verwendet aber auch Mineralien, Stoffe aus dem Tierreich, Metalle und Nosoden. Mithilfe von Wasser, Alkohol oder Milchzucker entstehen aus den natürlichen Stoffen Ursubstanzen. Diese Ursubstanzen werden nach den Angaben Hahnemanns durch entsprechende Verdünnungen zu Dezimalpotenzen (z. B. D-, C-, LM-Potenzen) verarbeitet, die der Therapeut schließlich je nach Schweregrad der Erkrankung zur Behandlung einsetzt. Homöopathische Arzneimittel gibt es als Tropfen, Tabletten, Globuli (Streukügelchen) oder Injektionslösungen. Neben den reinen Substanzen sind auch etliche homöopathische Mischpräparate erhältlich, sogenannte Komplexmittel.

Phytotherapie

Unter Phytotherapie oder Pflanzenheilkunde versteht man die Lehre der Verwendung von Heilpflanzen als Medikament. Sie gehört zu den ältesten medizinischen Therapien und ist auf der ganzen Welt in allen Kulturen verbreitet. Zum Einsatz kommen dabei ganze Pflanzen und deren Teile (Blüten, Blätter, Wurzel), die auf verschiedene Weise (z. B. als Frischkraut, Aufguss, Auskochung, Kaltwasserauszug und Pulverisierung) zu einem Medikament verarbeitet werden. Meist verwendet der Phytotherapeut Stoffgemische, die sich bereits als gut wirksam bewährt haben. Auch die Homöopathie nutzt auf pflanzlicher Ebene die Erkenntnisse der Phytotherapie.

Akupunktur

Die Akupunktur ist ein Teilgebiet der Traditionellen Chinesischen Medizin (TCM). Man geht hier von über 300 Akupunkturpunkten aus, die auf verschiedenen Meridianen (= Energiebahnen) des Körpers angeordnet sind. Durch das Einstechen von speziellen Akupunkturnadeln erwärmen sich die gestochenen Punkte und bringen das Qi (= Lebensenergie) wieder in einen intakten Fluss. Die

In der Phytotherapie kommen nicht nur ganze Pflanzen, sondern auch einzelne Teile davon zum Einsatz.

Die Akupunktur kann schmerzgeplagten Vierbeinern zu neuer Beweglichkeit verhelfen.

Die Osteopathie aktiviert die Selbstheilungskräfte im Körper.

Akupunktur gehört zu den Umsteuerungs- und Regulationstherapien. Eine Sitzung dauert ca. 20 bis 30 Minuten. Der Patient wird dabei ruhig und entspannt gelagert. Eine komplette Therapie umfasst in der Regel 10 bis 15 Sitzungen. Die Akupunktur hat sich vor allem bei Schmerzpatienten bewährt. Für Hunde mit HD oder anderen Gelenkproblemen ist dies oft die letzte Chance, schmerzfrei zu werden. Eine Spezialform der Akupunktur ist die Goldakupunktur: Dabei werden kleine Goldkügelchen minimalinvasiv unter Narkose in bestimmte Akupunkturpunkte eingesetzt. Diese Goldkugeln bewirken eine Dauerakupunktur; die Schmerzleitung wird dadurch gehemmt und das Tier läuft somit wieder beschwerdefrei. Der Eingriff ist einmalig und wirkt in der Regel ein Leben lang. Die Goldakupunktur führt nicht jeder Tierarzt durch. Voraussetzung ist eine Ausbildung sowie langjährige Erfahrung in Akupunktur, ganzheitlicher Orthopädie und Chirurgie. Tierärzte mit der Zusatzbezeichnung „Akupunktur" sind bei den einzelnen Landestierärztekammern zu erfragen.

Osteopathie

Die Osteopathie ist eine sanfte Methode, mit deren Hilfe die Selbstheilungskräfte des Körpers neu aktiviert werden. Auch der Osteotherapeut arbeitet ganzheitlich; nach einem ausführlichen Gespräch über den Patienten und dessen Beschwerden erspürt er mit seinen Händen Körperblockaden, die er anschließend durch bestimmte Berührungstechniken auflöst (meist sind mehrere Anwendungen nötig). Auf diese Weise kommt das Körpergewebe wieder ins Gleichgewicht und alle Körperflüssigkeiten zurück in ihren natürlichen Fluss. Osteopathie wird vor allem bei Schmerzpatienten erfolgreich angewendet, wobei der Schmerz meist nur ein Symptom einer tiefer liegenden Erkrankung bzw. Blockade ist. Immer mehr Tierphysiotherapeuten bieten zusätzlich zu ihrem herkömmlichen Leistungsspektrum Osteopathie an.

Was ändert sich im Alter?

Alternde Spitze lassen es ruhiger angehen und genehmigen sich öfter mal ein Nickerchen – ob zu Hause oder im Garten.

Ein Spitz altert zwischen dem 8. und 9. Lebensjahr. Dies macht sich nicht nur durch äußere Anzeichen wie dem zunehmenden Grauwerden um Schnauze und Augen bemerkbar, sondern auch durch bestimmte Wesensveränderungen und Alterswehwehchen. Mit der Zeit wird Ihr Spitz gelassener und ruhiger. Er hat ein höheres Schlafbedürfnis als früher, sein Bewegungsdrang nimmt allmählich ab. Häufig reagieren ältere Vierbeiner weniger flexibel auf Veränderungen. Eine verstärkte Anhänglichkeit, nächtliche Unruhe und geringeres Interesse an Artgenossen ist ebenfalls oft zu erkennen. Manche Hunde zeigen sich sogar schrullig und legen plötzlich bestimmte Marotten an den Tag, die sie vorher nicht hatten. Ursache hierfür können Verkalkungen im Gehirn sein, die eine Senilität bewirken. Nun sind mehr denn je Ihr Humor und Ihre Lockerheit gefragt. Zwar sollten Sie selbst mit einem alten Vierbeiner konsequent sein, trotzdem darf hier und da ein Augenzwinkern nicht fehlen.

Auch die Leistung der Sinnesorgane lässt allmählich nach: Ihr Spitz hört, sieht und riecht nun schlechter als früher. Viele Hunde zeigen außerdem eine erhöhte Neigung zu Übergewicht. Um den gefährlichen Folgen des Dickwerdens wie Gelenkschäden oder Herz-Kreislauf-Störungen vorzubeugen, ist eine altersangepasste Ernährung nötig.

Trotz aller Veränderungen ist es wichtig, dass Sie Ihren vierbeinigen Senior nicht als alt, senil und „unbrauchbar" abstempeln!

Ein Spielchen in Ehren sollte niemand verwehren ...

Der richtige Umgang

Wer rastet, der rostet

Nach dem Motto „Wer rastet, der rostet" altert Ihr Spitz schneller, wenn er sich abgeschoben fühlt und nicht mehr altersangemessen gefordert wird. Daher ist körperliche Aktivität besonders wichtig. Sie bringt nicht nur den Kreislauf in Schwung, auch Muskeln und Gelenke bleiben beweglich. Ebenso wird die Durchblutung aller Organe angeregt und eine optimale Sauerstoffversorgung gewährleistet. Der zusätzliche Abbau von Stresshormonen führt zu ausgeglichener Zufriedenheit. Richten Sie Art und Umfang der Bewegung nach den individuellen Bedürfnissen, der Fitness und der allgemeinen, bis dahin erworbenen Kondition Ihres Spitzes aus. Gehen Sie sensibel auf den Aktivitätsdrang Ihres Vierbeiners ein; beobachten Sie ihn gut und überfordern Sie ihn nicht. Ein Spaziergang, auf dem Ihr bellender Senior über sein Tempo und eventuelle Toberunden selber bestimmen darf, ist besser als eine Joggingrunde, bei der Ihr alter Freund nur mühsam Schritt halten kann. Untrainierte Vierbeiner sollten Sie nicht von heute auf morgen anstrengenden, ungewohnten Aktivitäten aussetzen.

Bei Spaziergängen ist Regelmäßigkeit und Gleichmäßigkeit sehr wichtig; das heißt: Gehen Sie mit einem alten Spitz lieber mehrmals täglich eine halbe Stunde spazieren als einmal am Tag ganz lang. Diese Kontinuität sollten Sie auch am Wochenende und im Urlaub beibehalten, damit der Grad der Belastung einheitlich bleibt. Achten Sie außerdem darauf, dass Ihr Senior vor einer Übungseinheit auf dem Hundeplatz, einer Toberunde mit Artgenossen oder einer kleinen Fahrradtour genügend aufgewärmt ist. Ein unvorbereiteter Kaltstart belastet Herz, Kreislauf, Muskeln, Bänder und Gelenke zu stark. Führen Sie Ihren Spitz lieber erst in gleichmäßigem Schritttem-

Fitmacher „Spielen"

Fordert Ihr vierbeiniger „Rentner" Sie noch zum Spielen auf, machen Sie ihm die Freude und gehen Sie darauf ein; so fühlt er sich wichtig und dazugehörig. Respektieren Sie allerdings die Tatsache, dass ältere Hunde schneller die Lust am Spielen verlieren als Jungspunde. An manchen Tagen ist Ihr betagter Freund vielleicht überhaupt nicht zum Spielen aufgelegt. Möchte Ihr Senior von heute auf morgen nicht mehr spielen, lassen Sie ihn vom Tierarzt untersuchen, denn eventuell verdirbt ihm ein akutes gesundheitliches Problem den Spaß.

Gönnen Sie Ihrem vierbeinigen Senior erst mal eine ruhigere Aufwärmphase ehe er zu einer Toberunde durchstartet.

po an der Leine spazieren, ehe er sich richtig auspowern darf. Im Anschluss an eine sportliche Betätigung sollte Ihr Senior ebenfalls in ruhigem Tempo wieder abkühlen können.

Angemessene Bewegung für Seniorhunde

Um Gelenke, Muskeln und Bänder zu schonen, ist eine gleich bleibende Bewegungsabfolge empfehlenswerter als beispielsweise ein wildes Ballspiel, bei dem der Hund abrupt starten und wieder abbremsen muss.

Extrem Kreislauf belastend sind hohe, schwüle Sommertemperaturen. Verlegen Sie Spaziergänge und sportliche Aktivitäten mit Ihrem wedelnden Rentner an solchen Tagen also lieber auf die kühlen Morgen- und Abendstunden.

Nach wie vor ein toller Sommersport für alte Spitze ist Schwimmen. Der dabei ausgeführte gleichmäßige Bewegungsablauf schont den Kreislauf und die Gelenke. Hier kann Ihr Spitz auch sein Tempo und das Maß der Bewegung gut selbst bestimmen. Nichtschwimmer planschen vielleicht lieber à la Kneipp. Nutzen Sie in der warmen Jahreszeit also jeden Bach oder Teich, an dem sie vorbeikommen. Vielleicht haben Sie die Möglichkeit Ihrem alten Freund im Garten einen Plastiksandkasten aufzustellen und mit Wasser zu füllen. Solch ein Planschbecken nutzen Spitze gerne für regelmäßige Abkühlungen an heißen Sommertagen. Rubbeln Sie einen empfindlichen Hund an kühlen Tagen unbedingt gut trocken, denn Nässe und Wind führen schnell zu einer gefährlichen Lungenentzündung oder einem schmerzhaften Rheumaschub. Für die kalten Wintermonate gibt es inzwischen schon vereinzelt Hundeschwimmbäder; diese sind in der Regel einer Praxis für Tierphysiotherapie angeschlossen.

Leidet Ihr Vierbeiner bereits unter körperlichen Beschwerden, müssen Sie ihn dennoch nicht

Für ältere Hunde ist Schwimmen oder Planschen à la Kneipp ein gesunder Sommersport.

völlig ruhig stellen. Bei etlichen chronischen Erkrankungen trägt ein individuell abgestimmtes Mobilitätsprogramm oft sogar zur Besserung bei. In der Akutphase kann allerdings vorübergehende Ruhe nötig sein. Am besten besprechen Sie sich in einem solchen Fall mit Ihrem Tierarzt. Er klärt Sie je nach Art und Schwere des Leidens Ihres Spitzes darüber auf, welche Bewegungen erlaubt und welche verboten sind. Bei Krankheiten des Bewegungsapparates hilft auch eine gezielte Physiotherapie sowie das fachmännische Anlegen eines Körperbandes.

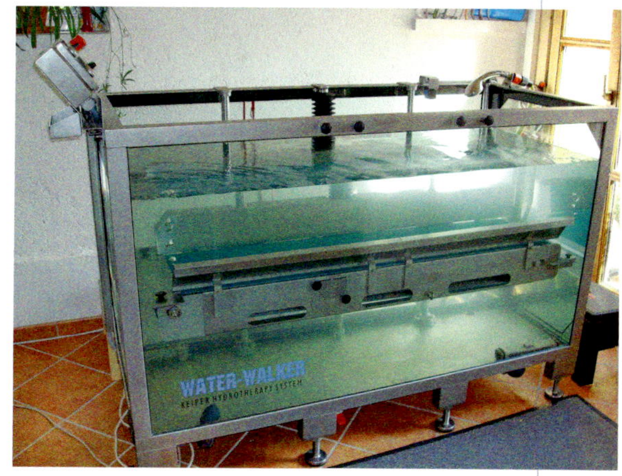

Betagten Hunden tut eine gezielte Physiotherapie, beispielsweise auf einem Unterwasserlaufband, gut.

Allroundhelfer „Spaziergang“

Regelmäßiges Spazierengehen ist für alte Hunde toll und sehr wichtig. Der Vierbeiner kann hier sein Tempo selbst bestimmen. Die Bewegungsabläufe sind in der Regel gleichmäßig. Außerdem hält ein Gang an der frischen Luft viele Sinneseindrücke parat: Ihr Senior hat Kontakt zu Artgenossen und zu anderen Menschen. Zudem nimmt er unterschiedliche Gerüche wahr („Zeitung lesen“). Und: Die Bewegung draußen bei jedem Wetter stärkt das Immunsystem. Ein Spaziergang wird abwechslungsreicher, wenn Sie unterwegs kleine Spielchen oder Gehorsamsübungen einstreuen. Nehmen Sie es Ihrem Rentner aber nicht krumm, wenn er mal einen schlechteren Tag und somit keine Lust auf Gaudi hat. Stecken Sie zur Belohnung immer die Lieblingsleckerlis Ihres haarigen Freundes ein. Auch die regelmäßige Verabredung mit anderen Hundebesitzern macht die tägliche Bewegung kurzweiliger.

Spaziergänge bei jedem Wetter fördern alle Sinne Ihres vierbeinigen Seniors und stärken sein Immunsystem.

Beschäftigungstipps für Seniorhunde

Viele Hunde spielen noch bis ins hohe Alter, meist zwar nicht mehr mit Artgenossen, dafür aber in kurzen Sequenzen mit Herrchen oder Frauchen. Spielen macht dann nicht nur Spaß, sondern hat für ältere Vierbeiner sogar einen therapeutischen Nutzen – es bedeutet Ablenkung von kleineren Alterswehwehchen sowie Stärkung des altersmäßig häufig angeknacksten Selbstbewusstseins, denn der vierbeinige Senior steht plötzlich wieder ganz im Mittelpunkt und erhält viel Lob, das zu neuem Stolz verhilft. Viele Graue Schnauzen fallen durch ein lustiges Spiel sogar regelrecht in einen Jungbrunnen. Und: Hunde, die ihr Leben lang spielerisch gefordert wurden, bleiben generell länger fit und gesund. Selbstverständlich verlangt das Spielen mit älteren Vierbeinern erhöhte Rücksichtnahme auf den aktuellen Gesundheitszustand sowie die bis dahin erworbene Kondition. Diverse Zipperlein sind aber trotzdem noch kein Grund, generell auf Spiel und Spaß zu verzichten. Mit etwas Fantasie, viel Einfühlungsvermögen und Humor findet man genügend Möglichkeiten, auch einen Seniorhund alters angemessen zu fordern.

- *Haben Sie einen alternden, aber noch fitten Sportler im Haus, lassen Sie ihn über niedrige Hürden oder durch einen höhenverstellbaren Reifen springen. Letzterer lässt sich leicht aus einem Fahrradreifen, der in einen Skistock eingefädelt ist, selbst bauen.*
- *Apportieren steht bei vielen älteren Freaks noch hoch im Kurs. Mit Rücksicht auf den schon abgenützten Bewegungsapparat des Hundes sollten die zu bringenden Gegenstände allerdings wenig wiegen. Außerdem sollten Sie das Apportel nicht werfen, sondern rollen, um ein Lossprinten sowie abruptes Wenden und Bremsen des Hundes zu vermeiden, denn dies könnte zu Verletzungen der*

alten Gelenke und Knochen führen. Ansonsten sind Ihrer Fantasie kaum Grenzen gesetzt: Ob Gartenhandschuhe, Zeitung, Pantoffel oder Schirm, Ihr bellender Gentleman wird Sie sicherlich nicht enttäuschen.

- *Bieten Sie Ihrem vierbeinigen Rentner außerdem Schnüffelspiele an, die seine Sinne und die Konzentrationsfähigkeit fördern. Da die Riechleistung im Alter abnimmt, sind stark duftende „Lockstoffe" wie getrockneter Pansen empfehlenswert, mit dem Sie beispielsweise eine Fährte durch den Garten legen können. Immer wieder beliebt ist auch das Hütchenspiel: Stellen Sie drei umgedrehte Plastikblumentöpfe in etwas Abstand nebeneinander auf; unter einen Topf legen Sie vor den Augen Ihres Vierbeiners ein Leckerchen; nun vertauschen Sie mehrmals durch Verschieben die Plätze der „Hütchen". Anschließend muss Ihr Senior die Leckerei finden.*
- *Beherrscht Ihr Spitz Kunststückchen, fragen Sie diese immer wieder ab, denn das hält geistig fit. Hunde, die hier über Jahre hinweg trainiert wurden, lernen selbst noch im Alter problemlos neue Tricks. Aber auch für eher ungeübte Rentner ist eine Neueinstudierung leichter Übungen wie Pfotegeben oder „Sich-schlafend-Stellen" machbar und sinnvoll, denn durch Kopfarbeit bleiben ergraute Schnauzen deutlich länger jung. Selbst die wiederholte Abfrage des Grundgehorsams ist für alte Hunde eine wichtige Bestätigung.*

Das gemeinsame Spielen mit einem Seniorhund bringt nicht nur viel Spaß und neue Lebensfreude, sondern schweißt Sie noch enger zu einem tollen Team zusammen. Nützen Sie die Zeit miteinander so lange es geht!

Schnüffelspiele begeistern auch noch graue Schnauzen; wegen der im Alter nachlassenden Riechleistung Ihres Hundes, verwenden Sie am besten stark duftende Lockstoffe.

Gepflegt im Alter

Richtig verwöhnen können Sie Ihren vierbeinigen Liebling mit einigen Anwendungen aus dem Wellnessbereich. So wird durch eine entspannende Bürstenmassage beispielsweise nicht nur abgestorbenes Haar herausgekämmt, sondern auch die vermehrte Durchblutung der Haut angeregt. Intensives Streicheln wirkt ebenfalls wie eine angenehme, vitalisierende

Selbst ältere Spitze suchen noch liebend gerne Mäuschen und werden dabei wieder jung.

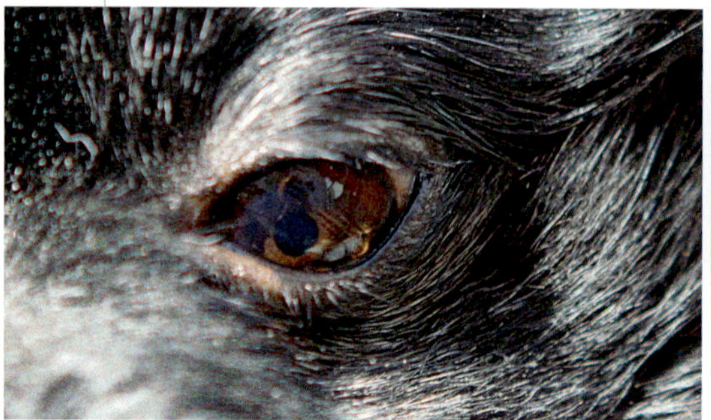

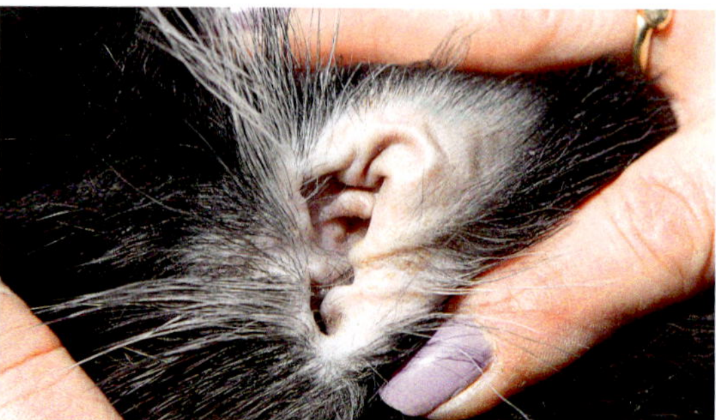

Kontrollieren Sie regelmäßig Augen und Ohren Ihres Spitzes auf eventuelle Verschmutzungen oder Verkrustungen hin.

Massage. Massieren Sie Ihren Spitz sanft mit kreisförmigen Bewegungen. Lockernd wirkt ein leichtes Kneten und Rollen von Haut und Muskeln. Die Aromatherapie kann Hundesenioren zu neuer Energie verhelfen; sie stärkt den Kreislauf, aktiviert die Abwehrkräfte und fördert die seelische Ausgeglichenheit. Außerdem wird ihr eine besonders erfrischende Wirkung nachgesagt. Geben Sie einige Tropfen der ätherischen Öle entweder in eine Duftlampe, in ein Kräutersäckchen oder direkt auf den Liegeplatz des Hundes, allerdings sehr sparsam dosiert, damit die feine Hundenase den Geruch nicht als störend empfindet. Für ältere Vierbeiner sind Lavendel, Zitrone, Grapefruit, Orange, Geranium und Muskatellersalbei empfehlenswert, denn sie haben auf den gesamten Organismus eine stärkende und aufbauende Wirkung.

Mit alternativen Heilmethoden zu neuer Lebensqualität

Bei manchen Altersbeschwerden können Hunden unterschiedliche Verfahren aus der Naturheilkunde helfen. So hält die Homöopathie mit Präparaten wie Echinacea zur Stärkung der Abwehrkräfte, Crataegus zur Anregung und Stabilisierung der Herztätigkeit und Vermiculite gegen Zahnstein und Zahnfleischentzündungen bewährte Mittel bereit. Bachblüten helfen bei Tieren mit altersbedingten Wesensveränderungen. Um das richtige Präparat für Ihren Hund zu finden, besprechen Sie sich am besten mit einem naturheilkundlich erfahrenen Tierarzt. In der Schmerztherapie erzielt die Akupunktur sehr gute Erfolge. Schmerzmittel lassen sich dadurch meist deutlich reduzieren, manchmal werden sie sogar gänzlich überflüssig. Die Akupressur ist eine Abwandlung der Akupunktur; hier ersetzen die Berührung und der Druck der Finger

Abwechselndes Pfötchengeben löst Verspannungen und stärkt die Muskulatur, nicht nur bei alten Hunden.

Physiotherapie für daheim

- ✓ *Lassen Sie Ihren Hund abwechselnd Pfötchen geben: Dies löst Verspannungen im Schulterbereich und stärkt gleichzeitig die Muskulatur.*
- ✓ *Ein mehrmaliges „Sitz" und „Steh" im Wechsel entspricht den menschlichen Kniebeugen; dadurch wird mehr Muskulatur in der Hinterhand aufgebaut.*
- ✓ *Ein kleiner Cavaletti-Lauf fördert die Konzentration, die Koordination und den Aufbau der Beinmuskulatur. Legen Sie hierfür eine Leiter oder einige Besenstiele etwas erhöht auf den Boden und achten Sie darauf, dass Ihr wedelnder Gefährte ganz exakt eine Pfote nach der anderen in die Sprossenzwischenräume setzt.*
- ✓ *Pumpen Sie eine stoffbezogene Luftmatratze nicht ganz prall auf; nun stellen Sie sich und Ihren Hund darauf und treten leicht auf der Stelle. Diese flexible Unterlage fördert den Gleichgewichtssinn Ihres Vierbeiners und wirkt muskelaufbauend.*
- ✓ *Ein Slalom durch Ihre Beine ist für Ihren Vierbeiner eine gute Dehnübung, da sich der gesamte Hundekörper dabei beidseitig leicht u-förmig dehnt.*

Bitte vergessen Sie nicht *bei all diesen Übungen ausgiebiges Loben und Leckerlis zur Belohnung, schließlich soll auch eine Physiotherapie Spaß machen!*

die Nadeln. Dies wirkt sich nicht nur sehr positiv und entspannend auf den Körper aus, sondern auch auf die Seele des Vierbeiners.
Einfache Hausmittel tun Ihrem Hundesenior ebenfalls gut. Leidet Ihr Spitz beispielsweise an Rheuma, legen Sie eine Wärmflasche oder ein erwärmtes Dinkel- oder Kirschkernkissen in den Hundekorb. Ein auf diese Weise vorgewärmtes Körbchen wirkt sich auch bei Hunden mit Gelenkproblemen sehr positiv aus. Bekommt Ihr bellender Senior nach einer längeren Wanderung Muskelkater, schaffen Einreibungen und Umschläge mit Arnikasalbe oder verdünnter -tinktur Erleichterung. In der kalten Jahreszeit bewährt sich diese Behandlung ebenfalls bei älteren Hunden mit rheumatischen Muskel- oder Gelenkbeschwerden.
Ein weiteres sehr breites Heilungsspektrum bietet die Physiotherapie, die neben spezieller Krankengymnastik diverse Wasser-, Massage- und Magnetfeldtherapien beinhaltet. Lassen Sie also Ihren vierbeinigen Senior im Fall der Fälle neben dem eigenen Verwöhnprogramm auch von den therapeutischen Fortschritten der Tiermedizin profitieren. Er hat es sich nach Jahren treuer Freundschaft redlich verdient!

Ernährungstipps

Natürlich darf eine dem Alter entsprechend angepasste Ernährung nicht fehlen. Stellen Sie Ihren Spitz langsam auf eine leichtere, energieärmere Nahrung um, damit er nicht übergewichtig und dadurch zusätzlich träge wird; immerhin sinkt der Energiebedarf Ihres Hundes im Alter um etwa 20 %. Füttern Sie nun zwei- bis dreimal am Tag, denn mehrere kleine Portionen sind leichter zu verdauen als eine Große. Achten Sie unbedingt auf die Linie Ihres Spitzes, denn schlanke Hunde sind gesünder und leben länger. Im Fachhandel erhalten Sie spezielles Seniorfutter, das extra auf die Bedürfnisse und den verlangsamten Stoffwechsel alter Hunde abgestimmt ist. Bei di-

Im Fachhandel gibt es inzwischen schon spezielle Senior-Leckereien, die genau auf die Bedürfnisse eines betagten Hundes abgestimmt sind.

versen Erkrankungen bekommen Sie ein genau abgestimmtes Diätfutter über den Zoofachhandel oder Ihren Tierarzt. Allgemein sollte Seniorfutter besonders schmackhaft und hochverdaulich sein.

Geben Sie keine Nahrungsergänzungsmittel (Vitamine, Mineralstoffe), ohne es vorher mit Ihrem Tierarzt abgesprochen zu haben, denn auch Vitamine oder Mineralien können überdosiert schaden. Täglich frisches Trinkwasser darf natürlich nicht fehlen. Hat Ihr Hund deutlich weniger Durst, stellen Sie ihn auf Nassfutter (Dosenfutter) um oder mischen Sie seinem herkömmlichen Futter zusätzlich Wasser bei, damit er nach wie vor ausreichend mit Flüssigkeit versorgt wird.

Stecken Sie Ihrem Vierbeiner keine Süßigkeiten und Essensreste zu – dies wäre falsch verstandenes Verwöhnen und schadet älteren Hunden besonders. Belohnen Sie nur mit echten Hundeleckerlis; inzwischen gibt es im Fachhandel sogar schon Leckereien in Senior- oder Lightqualität.

Leckerli-Spaß für Seniorhunde

Möchten Sie Ihren Vierbeiner mal mit selbst gebackenen Leckerlis verwöhnen, dann probieren Sie folgendes Rezept aus.

Sie benötigen folgende Zutaten:

100 g feine Senior-Hundeflocken
2 Eier
4 TL Senior-Dosenfutter

Alle Zutaten werden in einer Schüssel zu einem Teig verarbeitet. Daraus formen Sie nun kleine Bällchen, legen diese auf ein mit Backpapier ausgelegtes Backblech und lassen sie ca. 35 Minuten bei 175 °C im bereits vorgeheizten Backofen fest werden.

Dieses Rezept ist für jeden Hundetyp geeignet, denn ganz gleich, ob er Diätfutter braucht oder in Bezug auf Leckerli besonders wählerisch ist, Sie können dafür Ihr ganz normales tägliches Hundefutter verwenden. Füttern Sie normalerweise keine feinen Flocken, sondern gröberes Futter, wird dies vorher einfach in einer Küchenmaschine zerkleinert.

Damit der Spaß komplett wird, kann sich der Vierbeiner seine „Plätzchen" erarbeiten; dazu darf natürlich die richtige Verpackung nicht fehlen. Hier empfiehlt sich beispielsweise eine kleine Papiertüte oder ein ausrangiertes Stofftaschentuch. Aber auch ein alter Socken birgt, mit den Leckerlis gefüllt, einen großen Auspackspaß für den Hund und ist, geleert, anschließend auch noch ein tolles Spielzeug. Eine weitere geeignete Verpackung ist eine kleine Schachtel, beispielsweise von einer Glühbirne, oder einfach nur altes Zeitungspapier.

Abschied

Leider währt ein Hundeleben nicht ewig und so ist auch irgendwann nach Jahren des gemeinsamen Zusammenlebens die Zeit des Abschieds gekommen. Manche Senioren schlafen einfach friedlich ein. Häufig jedoch wird der Hundebesitzer in die verantwortungsvolle Pflicht genommen, über Leben und Tod des Hundes selbst zu entscheiden. Leidet Ihr Spitz und wird ihm das Leben zur Qual, weil selbst die Tiermedizin an ihre Grenzen kommt und ihm seine Schmerzen nicht mehr nehmen kann, ist es an der Zeit, ihn von seinem Leiden zu erlösen. Viele Tierärzte kommen hierfür auch zu Ihnen nach Hause, damit dem gebrechlichen Vierbeiner weiterer Stress durch einen unnötigen Transport erspart bleibt, und er in seiner gewohnten Umgebung ruhig und würdevoll für immer einschlafen darf.

Der Abschied von Ihrem langjährigen, treuen Begleiter ist natürlich mit großer Trauer verbunden. Haben Sie sich jedoch sein Hundeleben lang auf seine Bedürfnisse eingestellt und waren Sie in guten wie in schlechten Zeiten für ihn da, ist die Gewissheit eines erfüllten, tollen Hundelebens, das Ihr Spitz bei Ihnen hatte, vielleicht ein kleiner Trost.

Da die Trauer um einen geliebten Vierbeiner nicht zu unterschätzen ist, gibt es inzwischen in vielen Orten Tierfriedhöfe oder -krematorien, die durch einen ganz bewussten Abschied und einen festen Ort der Trauer, den man jederzeit besuchen kann, die Trauerarbeit und das Loslassen erleichtern.

Natürlich wird Ihr verstorbener Spitz unersetzlich bleiben, trotzdem stellt sich Ihnen nach einiger Zeit vielleicht wieder die Frage nach einem neuen Hund. Stimmen auch dann noch alle Voraussetzungen für eine Anschaffung, ehren Sie das Andenken an Ihren Vierbeiner, indem Sie sich einen neuen Spitz anschaffen. Doch machen Sie nicht den Fehler, ihn mit Ihrem vorigen Hund zu vergleichen. Jeder Spitz ist absolut einmalig und auf seine ganz eigene Weise liebenswert.

Er wird für immer unvergessen bleiben ...

Tierbestattungen

Adressen von Tierfriedhöfen und -krematorien in Ihrer Nähe bekommen Sie über den Bundesverband der Tierbestatter e.V.:
www.tierbestatter-bundesverband.de
Eventuell können Ihnen aber auch Ihr Tierarzt oder der örtliche Tierschutzverein weiterhelfen.

Hilfreiche Adressen und Links

Rassezuchtvereine

Verein für Deutsche Spitze e. V.
Gabriele Gamalski
(Welpenvermittlung)
Große Schulstr. 33a
D-39307 Genthin
Tel/Fax: 03933-803361
www.deutsche-spitze.de

Österreich

Österreichischer Klub
für Spitze und Spitzartige
Herta Füszl (Welpenvermittlung)
Siebenbründlgasse 8
A-7443 Rattersdorf
Tel: 0043-(0)2611-3203
www.spitzarten.at

Schweiz

Schweizerischer Club
für Spitze
Madeleine Hermann (Welpen-
vermittlung/Zuchtwartin)
Höhenweg 24
CH-4112 Flüh
Tel: 0041-(0)61-7311536
www.spitz-club.ch

Internet-Links zu Spitz-Nothilfen

www.spitz-nothilfe.de
www.spitze-in-not.de

Kynologenverbände

Verband für das Deutsche
Hundewesen (VDH)
Westfalendamm 174
(Geschäftsstelle)
D-44141 Dortmund
Tel: 0231-565 00-0
Fax: 0231-59 24 40
www.vdh.de

Österreichischer Kynologen-
verband (ÖKV)
Siegfried-Marcus-Str. 7
(Geschäftsstelle)
A-2362 Biedermannsdorf
Tel: 0043-(0)2236-71 06 67
Fax: 0043-(0)02236-71 06 67-30
www.oekv.at

Schweizerische Kynologische
Gesellschaft (SKG)
Brunnmattstr. 24
(Geschäftsstelle)
CH-3007 Bern
Tel: 0041-(0)31-306 62 62
Fax: 0041-(0)31-306 62 60
www.hundeweb.org

Haustierregister

Deutscher Tierschutzbund e.V.
Baumschulallee 15
(Geschäftsstelle)
D-53115 Bonn
Tel: 0228-60 49 60
Fax: 0228-60 49 640
www.tierschutzbund.de

TASSO e.V.
Haustierzentralregister
Frankfurter Straße 20
D-65795 Hattersheim
Tel: 06190-93 73 00
Fax: 06190-93 74 00
www.tiernotruf.org

Internationale Zentrale-
Tierregistrierung (IFTA)
Nördliche Ringstraße 10
D-91126 Schwabach
Tel: 00800-43 82 00 00
Fax: 09122-88 51 989
www.tierregistrierung.de

Interessante Links zu Internetseiten rund um den Hund:

www.partner-hund.de
www.hundefinder.de/hundeschulen
www.ferien-mit-hund.de
www.flughund.de
www.haustierratgeber.de
www.urlaub-mit-hund.de

Der Verlag ist nicht für
den Inhalt von Internetseiten und
deren Links verantwortlich.

Haftungsausschluss: In diesem Buch sind die Namen von Medikamenten, die zugleich eingetragene Warenzeichen sind, als solche nicht besonders kenntlich gemacht. Es kann also aus der Bezeichnung der Ware mit dem für diese eingetragenen Warenzeichen nicht geschlossen werden, dass die Bezeichnung ein freier Warenname ist. Die Markennamen wurden nur beispielhaft aufgeführt. Hinsichtlich der in diesem Buch angegebenen Dosierungen von Medikamenten usw. wurde die größtmögliche Sorgfalt beachtet. Gleichwohl werden die Leser aufgefordert, die entsprechenden Beipackzettel der Hersteller zur Kontrolle heranzuziehen. Die beispielhafte Auflistung von Medikamenten bzw. Wirkstoffen ist kein Beweis dafür, dass diese in Deutschland zugelassen sind. Der behandelnde Tierarzt ist aufgefordert, die jeweilige (Zulassungs-)Situation zu überprüfen.

Dank

Mein besonderer Dank gilt Cinnamon Lee Hooper und ihrem Zwinger „von der Arnold's Eiche" (www.vonderarnoldseiche.de) für die fachliche Mitarbeit und Beratung.

Ein großer Dank geht außerdem an Christine Steimer (www.tierfotografie-steimer.de) für ihre einmaligen, direkt aus dem Leben gegriffenen Fotos. Ihre Bilder stellen immer wieder eine große Bereicherung für die Premium-Ratgeber-Reihe dar.

Danke auch allen zwei- und vierbeinigen Modells, die sich netterweise für Fotoaufnahmen zur Verfügung gestellt haben.

Ein weiteres dickes Dankeschön geht an Ingrid Heindl (www.tierphysiotherapie-bayern.de) und Dr. med. vet. Susanne Winhart: Ihr fachlicher und persönlicher Rat ist mir stets eine große Hilfe.

Außerdem gilt mein herzlicher Dank Familie Schmitt und Tobias Volg für ihren steten Rückhalt in allen Fragen und Bereichen sowie meinen Redaktionshunden „Luzie" und „Peggy" für ihr beruhigendes Schnarchen während meiner Arbeit und unsere gemeinsamen, entspannenden Spaziergänge und Spielrunden zwischendurch.

Annette Schmitt

Bildnachweis

Alle Fotos von Christine Steimer, außer:
Annette Schmitt, Seiten: 73 unten, 75(2), 79 Mitte, 115 oben, 119 unten, 124 unten
Trixie, Seiten: 33(1), 36(3), 37(1), 38(5), 39(4), 50(4), 51(2), 71(1), 79(1), 113(1)

Wir danken der Firma TRIXIE Heimtierbedarf GmbH & Co. KG für das Zurverfügungstellen der Bilder.

Register

Hinweis: Die in diesem Buch enthaltenen Empfehlungen und Angaben sind von den Autoren mit größter Sorgfalt zusammengestellt und geprüft worden. Eine Garantie für die Richtigkeit der Angaben kann aber nicht gegeben werden. Autoren und Verlag übernehmen keinerlei Haftung für Schäden und Unfälle. Der Leser sollte bei der Anwendung der in diesem Buch enthaltenen Empfehlungen sein persönliches Urteilsvermögen einsetzen.
Der Verlag Eugen Ulmer ist nicht verantwortlich für die Inhalte der im Buch genannten Websites.

Impressum

Bibliografische Information der Deutschen Nationalbibliothek
Die Deutsche Nationalbibliothek verzeichnet diese Publikation in der Deutschen Nationalbibliografie; detaillierte bibliografische Daten sind im Internet über http://dnb.d-nb.de abrufbar.

Das Werk einschließlich aller seiner Teile ist urheberrechtlich geschützt. Jede Verwertung außerhalb der engen Grenzen des Urheberrechtsgesetzes ist ohne Zustimmung des Verlages unzulässig und strafbar. Das gilt insbesondere für Vervielfältigungen, Übersetzungen, Mikroverfilmungen und die Einspeicherung und Verarbeitung in elektronischen Systemen.

© 2012 Eugen Ulmer KG
Wollgrasweg 41, 70599 Stuttgart (Hohenheim)
E-Mail: info@ulmer.de
Internet: www.ulmer.de
Umschlagentwurf: Sojus Design, Kai Twelbeck, Stuttgart
Titelfoto: Zoonar/TFT-ANHO
Satz: r&p digitale medien, Echterdingen
Repro: Timeray, Herrenberg
Druck und Bindung: Firmengruppe Appl, aprinta Druck, Wemding, Germany
Printed in Germany

ISBN 978-3-8001-6736-4